Olaf Rathjen

Digitale Echtzeitsimulation

Fortschritte in der Simulationstechnik
im Auftrag der Arbeitsgemeinschaft Simulation (ASIM)
herausgegeben von Walter Ameling

Exposés und Manuskripte erbeten unter der Adresse:
Prof. Dr.-Ing. Walter Ameling, Rogowski-Institut für Elektrotechnik
der RWTH Aachen, Schinkelstr. 2, 5100 Aachen
oder an den Verlag Vieweg, Postfach 58 29, 6200 Wiesbaden

Olaf Rathjen

Digitale Echtzeitsimulation

Simulation einer
Hochspannungs-Gleichstrom-Übertragung

Herausgeber der Reihe im Auftrag der Arbeitsgemeinschaft Simulation (ASIM):
o. Prof. Dr.-Ing. Walter Ameling
Direktor des Rogowski-Instituts für Elektrotechnik
Lehrstuhl für Allgemeine Elektrotechnik
und Datenverarbeitungssysteme, RWTH Aachen
Schinkelstraße 2, D-5100 Aachen

Die Deutsche Bibliothek – CIP-Einheitsaufnahme

Rathjen, Olaf:
Digitale Echtzeitsimulation: Simulation einer Hochspannungs-
Gleichstrom-Übertragung / Olaf Rathjen.
   (Fortschritte in der Simulationstechnik; 5)
   ISBN 978-3-528-06517-1   ISBN 978-3-663-14172-3 (eBook)
   DOI 10.1007/978-3-663-14172-3
NE: GT

ISBN 978-3-528-06517-1

Vorwort

Die vorliegende Arbeit entstand im Rahmen eines Ernst-von-Siemens-Stipendiums während meiner Tätigkeit als wissenschaftlicher Mitarbeiter am Institut für Regelungstechnik der Technischen Universität Braunschweig.

Mein besonderer Dank gilt meinem akademischen Lehrer, dem Leiter des Instituts, Herrn Prof. Dr.-Ing. Dr. h. c. W. Leonhard, der diese Arbeit anregte und förderte.

Ich danke der Siemens AG, die durch die Vergabe des Ernst-von-Siemens-Stipendiums einen für die wissenschaftliche Betätigung vorzüglich geeigneten Freiraum geschaffen hat. Insbesondere Herrn Dipl.-Ing. A. Haböck und Herrn Dr. rer. nat. M. Groß sowie Herrn Dr.-Ing. H. Waldmann, Herrn Dipl.-Ing. M. Rebhan und allen weiteren an der Durchführung der Untersuchungen beteiligten Mitarbeitern der Siemens AG in Erlangen bin ich für die während der gesamten Bearbeitungszeit gewährte Unterstützung sehr dankbar.

Herrn Prof. Dr.-Ing. E. Schnieder danke ich für die Übernahme des Korreferats und die schnelle Durchsicht der Arbeit.

Ferner gilt mein Dank allen Kollegen und Mitarbeitern des Instituts für die stets freundliche und gute Zusammenarbeit sowie allen Studenten, die durch ihre engagierte Mitarbeit zum Gelingen der Arbeit beigetragen haben.

Schwarzenbruck, im März 1991   Olaf Rathjen

Inhaltsverzeichnis

Übersicht

Die digitale Echtzeitsimulation technischer Systeme stellt ein wirksames Instrument für die Auslegung und Inbetriebnahme von Geräten und Anlagen dar. Ausgehend von der Analogie zwischen dem Originalsystem und abgeleiteten Modellen zur Nachbildung bestimmter Eigenschaften des Originals bietet sie die Möglichkeit, Systemanalysen in normalen und extremen Zustandsbereichen in gefahrloser Weise durchzuführen. Für die Untersuchung von Baugruppen und Geräten in Form von Echtteilesimulationen können diese mit dem im Simulator nachgebildeten Modell verbunden und wirklichkeitsnahen Tests unterzogen werden.

Die vorliegende Arbeit beschreibt die Untersuchungen, die bezüglich der Durchführbarkeit digitaler Echtzeitsimulationen von dynamischen Systemen aus dem Bereich der elektrischen Energietechnik vorgenommen wurden. Ausgehend von den Anforderungen der digitalen Simulation unter Echtzeitbedingungen und einer Klassifizierung der bekannten Integrationsverfahren werden Kriterien für den Entwurf von Multiprozessorsystemen angegeben, die als Echtzeitsimulator einzusetzen sind.

Es wird ein Multiprozessorsystem vorgestellt, das mit einem schnellen Gleitkommarechner für Vektoroperationen als Grundbaustein entwickelt wurde. Zur Durchführung von Echtteilesimulationen sind geeignete Schnittstellen vorhanden, die den Anschluß von Originalgeräten, wie z. B. Regler oder Schutzeinrichtungen, an den Simulator ermöglichen.

Als aussagefähiges Anwendungsbeispiel wird die Simulation einer Hochspannungs-Gleichstrom-Übertragung (HGÜ) mit zwölfpulsiger Welligkeit herangezogen. Das für die Simulation entwickelte mathematische Modell, die für die besonderen Anforderungen der Echtzeitsimulation entwickelten Algorithmen und ihre Verteilung auf die Prozessoren des Rechnersystem werden erläutert.

Durch die Erprobung des Simulators an einer Original-HGÜ-Regelung wird die Durchführbarkeit der digitalen Echtzeitsimulation experimentell nachgewiesen. Simulationsergebnisse vermitteln einen Eindruck von der Leistungsfähigkeit des Simulators und seinen Einsatzmöglichkeiten bei der Entwicklung von Geräten und Anlagen.

Einleitung

Die mathematische Beschreibung kontinuierlicher dynamischer Prozesse führt auf Systeme gewöhnlicher Differentialgleichungen, die sich zumeist nicht in geschlossener Form integrieren lassen. Ihre Lösung erfolgt vielmehr auf analogen, digitalen oder hybriden Rechenanlagen. Die damit vorgenommene Simulation der gegebenen dynamischen Vorgänge bietet die Möglichkeit des experimentellen Vorgehens, um im Zeitbereich die interessierenden Eigenschaften des Modells untersuchen zu können. Darüberhinaus stellt die Simulation bei Systemen mit hohem Gefährdungsgrad in bestimmten Fällen das einzige Verfahren dar, um systemdynamische Untersuchungen überhaupt durchführen zu können.

Den Vorteilen, die der als erstes Simulationsrechengerät zur Verfügung stehende Analogrechner in Form paralleler Arbeitsweise mit daraus resultierender hoher Arbeitsgeschwindigkeit bietet, stehen seine Nachteile der begrenzten Genauigkeit und des kleinen Wertebereichs gegenüber. In der Anfangszeit der Entwicklung der Digitalrechner begünstigten daher dessen hohe Genauigkeit und der bei Gleitkommazahlendarstellung von jeglicher Normierungsarbeit befreiende große Wertebereich den sofortigen, ergänzenden Einsatz in der Simulationstechnik. Die daraufhin entstehenden Hybridrechenanlagen stellten dann über viele Jahre hinweg die am weitesten verbreiteten Simulationssysteme dar. Eine gewisse Bedeutung erlangte gleichermaßen der in seiner Struktur dem Analogrechner entsprechende "Digital Differential Analyzer (DDA)", der mit digitalen Rechenwerken ausgestattet ist und eine diskrete Integration vornimmt. Infolge der kontinuierlichen Weiterentwicklung der Halbleiter- und Rechnertechnik konnten dann in zunehmendem Maße Simulationsuntersuchungen auf rein digital arbeitenden Anlagen durchgeführt werden, so daß heute lediglich in Ausnahmefällen auf nicht-digitale Simulationstechniken zurückgegriffen werden muß. Neben den seriellen Rechenanlagen entstanden auch Parallelrechnersysteme, in denen die Lösung der Simulationsaufgabe auf mehrere parallel arbeitende Prozessoren verteilt ist. Tabelle 0.1 zeigt eine Übersicht der verschiedenen Rechentechniken und Verarbeitungsarten in der Simulationstechnik.

Bei Ablauf der Modellzeit des Simulators im Maßstab 1:1 zur realen Zeitbasis liegt eine Echtzeitsimulation vor. In diesem Fall besteht die Möglichkeit, Echtteile in die Simulation miteinzubeziehen. Die vornehmliche Aufgabe eines Echtzeitsimulators besteht daher in der geeigneten Nachbildung derjenigen Systemeigenschaften, die den Anschluß von Echtteilen und die Durchführung diesbezüglicher Untersuchungen ermöglichen. Das Echtzeitmodell wird dabei zeitsynchron zu dem Echtteil auf dem Rechner

Rechentechnik	Serielle Verarbeitung	Paralle Verarbeitung
analog		Analogrechner
analog-digital gekoppelt	Hybridrechner	
analog-digital integriert		DDA
digital	Serieller Rechner	Parallelrechner

Tabelle 0.1: Simulationsrechentechniken

ausgeführt und ist sowohl über kontinuierliche Größen als auch über Ereignisse mit dem realen System verknüpft. Entsprechende Untersuchungen dienen in der Regel der Erprobung und Optimierung von mit dem Simulator verbundenen realen Geräten, wie z. B. Reglern oder Schutzeinrichtungen, deren Parameter im Simulationsversuch gefahrlos variiert werden können. Die verschiedensten Betriebs- und Fehlerzustände lassen sich auf diese Weise nachbilden, so daß Echtzeitsimulationen eine wertvolle Hilfe bei der Inbetriebnahme von Schaltungen und Anlagen darstellen und damit allgemein die Entwicklung technischer Prozesse unterstützen.

In der vorliegenden Arbeit werden nach einer Betrachtung der für die Simulation unter Echtzeitbedingungen geeigneten numerischen Integrationsverfahren Kriterien für den Entwurf eines als Echtzeitsimulator einzusetzenden Multiprozessorsystems angegeben. Es wird ein den gestellten Anforderungen genügendes Multiprozessorsystem vorgestellt, das für die Anwendung auf eine bestimmte Simulationsaufgabe entwickelt wurde. Es handelt sich um ein allgemein für die digitale Simulation kontinuierlicher Systeme geeignetes Parallelrechnersystem, das aus bis zu 14 baugleichen Rechnerkarten besteht, die unabhängig voneinander betrieben werden. Für den Anschluß realer Geräte an den Simulator wurden spezielle Schnittstellenbaugruppen entworfen, die zusätzlich die Ausgabe verschiedener Simulationsgrößen zu Meßzwecken ermöglichen.

Ausgangspunkt der Untersuchungen ist die Frage, ob sich digitale Echtzeitsimulationen von bestimmten schnellveränderlichen Systemen der elektrischen Energietechnik durchführen lassen. Hier besteht im Bereich der Stromrichtertechnik neben der Nachbildung der Ausgleichsvorgänge das Problem der Identifikation und der zeitrichtigen Berücksichtigung von Diskontinuitäten, die durch die Schaltvorgänge der Stromrichterventile hervorgerufen werden. Als aussagefähiges Beispiel für Stromrichterschaltungen wurde eine Hochspannungs-Gleichstrom-Übertragung (HGÜ) herangezogen, die wegen der Größe der ausgeführten Anlagen und ihrer in der Regel individuellen Parametrierung häufig Gegenstand von Simulationsuntersuchungen ist.

Die Hochspannungs-Gleichstrom-Übertragung stellt heute eine ausgereifte Technik mit wachsendem Anwendungsbereich dar. Diente sie in früheren Zeiten vor allem der Fernübertragung elektrischer Energie, so wird sie heute in der größeren Zahl der Installationen als sogenannte Kurzkupplung für die Kopplung asynchroner Netze eingesetzt.

Auf Grund der Größe der Stationseinrichtungen, der geforderten hohen Einsatzbereitschaft und der in der Regel weit abgelegenen Betriebsorte sind Messungen und Laborversuche an ausgeführten Anlagen nahezu ausgeschlossen. Deshalb versuchte man bereits in den Anfängen der HGÜ-Technik das dynamische Verhalten einer HGÜ einschließlich der angeschlossenen Betriebsmittel durch Simulationen nachzubilden. Es war immer das Ziel dieser Aktivitäten, durch die Simulation Erkenntnisse für die Planung und Auslegung von Anlagen zu gewinnen sowie Regelungs- und Schutzstrategien am Modell entwickeln zu können. Neben dem eigentlichen Betriebsverhalten besteht deshalb ein großes Interesse für das gefahrlos zu simulierende Verhalten der HGÜ nach Störungen unterschiedlichster Art.

Stand der Technik

Als erste Simulationsmethode wurde die Nachbildung im Modell auf niedrigem Leistungsniveau angewendet. Neben den damit ermöglichten ersten grundsätzlichen Untersuchungen [A. Leonhard 1942] erwiesen sich aber die umständliche Handhabung und die mangelhafte Nachbildungsgüte als nachteilig. Zu bemerken ist jedoch, daß hier natürlich alle Versuche im realen Zeitmaßstab, also in Echtzeit, abliefen.

Schon aufwendiger waren die HGÜ-Nachbildungen auf dem Analogrechner, mit dem sogar Verbundsysteme bestehend aus HGÜ- und Drehstromnetzen untersucht werden konnten [Urbanke 1979]. Aber auch die Analogrechnerschaltungen erwiesen sich als sehr unhandlich und umständlich gegenüber Parameteränderungen und sie besaßen für einige Anwendungsfälle nicht die gewünschte Genauigkeit. Die Schwerfälligkeit des Analogrechnermodells lag nicht zuletzt in der Tatsache begründet, daß die das System beschreibenden Differentialgleichungen in der Zustandsnormalform vorliegen müssen. Größere, insbesondere zusammengesetzte, Systeme führen zu recht unübersichtlichen Schaltungen. Daraus resultierten die Bemühungen, ein "modulares" Analogrechnersystem aufzubauen, dessen Teileinheiten wie im realen System miteinander verschaltet werden können [Waldmann et al. 1972]. Wegen der Entsprechung von Mehrpolen in der Schaltung und Mehrpolen im Modell wurde für diese elektronischen Modelle der Begriff "Parity-Simulator" geprägt [Kassakian 1979]. Mit Einzelbausteinen lassen sich dann komplexe Systeme modellieren und ihr dynamisches Verhalten in Echtzeit nachbilden. Der Anschluß realer Geräte wie Regler oder Schutzeinrichtungen ist ohne weiteres möglich. Ausgeführte Parity-Simulatoren finden sich heute sowohl in der Industrie als auch in Forschungseinrichtungen [Jötten 1981].

Parallel zu diesen Bemühungen, eine analoge Nachbildungsform zu finden, wurden die unterschiedlichsten Ansätze erwogen, um eine digitale Simulation durchführen zu können. Es ist einer der Hauptvorteile des Digitalrechners, lediglich durch Änderung von Parametern im Eingangsdatensatz beliebige Variationen einer Systemnachbildung untersuchen zu können. Die damit gegebene Flexibilität führte dazu, daß heute, allein schon aus Kostengründen, die weitaus größere Anzahl von Simulationsuntersuchungen von Stromrichter-Anlagen mit Digitalrechenprogrammen durchgeführt wird, solange keine Echtzeitanforderungen an die Simulation gestellt werden. Diese Anwendung war auf Grund der Bearbeitungsdauer der Programme auf den zur Verfügung stehenden Rechenanlagen bisher nicht möglich. Echtzeitsimulationen von HGÜ-Anlagen werden daher nach wie vor mit dem Parity-Simulator durchgeführt.

Bei der digitalen Simulation von HGÜ-Anlagen besteht die Möglichkeit der freien Parameterwahl und der freien Konfigurierbarkeit von Systemnachbildungen beliebiger Größe und Komplexität. Die Frequenz der zu untersuchenden Ausgleichsvorgänge beeinflußt dabei ganz wesentlich die Art der Systemnachbildung. Sollen die hochfrequenten Ausgleichsvorgänge in Stromrichterschaltungen untersucht werden, so sind z.B. für die Ventile die entsprechenden kapazitiven Ersatzschaltbilder in das Modell mitaufzunehmen. Die Integrationsschrittweiten sind dann kleiner als 100 ns. Ist jedoch nur die dynamische Stabilität von elektrischen Maschinen von Interesse, die mit einer HGÜ verbunden sind, so werden die einzelnen Zünd- und Löschvorgänge der einzelnen Ventile gar nicht mehr nachgebildet und die Integrationsschrittweite kann dann größer als 100 ms werden. Die Wahl der Systemnachbildung unterliegt demnach bei den digitalen Simulationen keinerlei Beschränkungen.

In den Beschreibungen der ersten Simulationsprogramme für HGÜ-Anlagen finden sich Angaben über das Verhältnis von Rechenzeit zu Echtzeit von mehr als zwei Größenordnungen [Hingorani et al. 1966, Holtz 1969]. Um den immer größer werdenden Programmieraufwand bei der Verfeinerung der Modelle [R. Müller 1972, Sadek 1972] und bei der Hinzunahme weiterer Systemteile noch handhaben zu können, wurden Kopplungsverfahren für einzeln zu berechnende Programmodule eingeführt [H. H. Schmidt 1973, Mutschler 1974, Arremann 1977]. Die Integration der Differentialgleichungssysteme wurde dabei durchweg mit Einschritt-Integrationsverfahren vorgenommen, um die bei den regelmäßig auftretenden Diskontinuitäten jeweils durchzuführenden Startrechnungen zu vermeiden. Neben den häufig verwendeten Standardverfahren vom Runge-Kutta-Typ nimmt dabei das Trapez-Verfahren eine Sonderstellung ein, da die bei seiner Anwendung auf die Differentialgleichungen entstehenden Differenzengleichungen einfache elektrische Ersatzschaltbilder besitzen. Dieser bereits Mitte der sechziger Jahre gefundene Ansatz [Dommel 1969] wurde unter der Bezeichnung Differenzenleitwertverfahren in Deutschland erweitert [Kulicke 1981] und hat sich für die digitale Simulation komplexer dynamischer Systeme der elektrischen Energietechnik durchgesetzt.

Zur Beantwortung der systemtechnischen Fragen stehen demnach digitale Simulatoren zur Verfügung. Sollen jedoch Originalgeräte, wie Regler oder Schutzeinrichtungen, an dem Simulator untersucht oder optimiert werden, so muß die Simulation im realen Zeitmaßstab, d. h. in Echtzeit, ausgeführt werden. An den Simulator werden damit erhebliche zusätzliche Anforderungen gestellt. Für die Lösung dieser Aufgaben sind nach wie vor Analog-Modelle erforderlich [B. Müller 1989]. Die Simulation von Stromrichterschaltungen gehört damit zu den Anwendungsgebieten der Simulationstechnik, für die bisher keine Möglichkeit bestand, mittels digitaler Rechner die für eine Echtzeitsimulation erforderliche Verarbeitungsleistung in wirtschaftlicher Weise bereitzustellen.

Ziele der Arbeit

Die mit dem Parity-Simulator verbundenen hohen Anfangsinvestitionen und Wartungs-
kosten sowie die immer weiter fortschreitende Entwicklung der Mikroelektronik und
Rechnertechnik haben den Anstoß gegeben, eine Standortbestimmung der digitalen
Simulationstechnik in Bezug auf die Echtzeitsimulation von Stromrichteranlagen vorzunehmen.

Eine Untersuchung und ein exemplarischer Aufbau sollen zeigen, inwieweit es heute
möglich ist, die bisher den analogen Nachbildungen vorbehaltenen Echtzeitsimulationen
auch von einem digitalen Simulator durchführen zu lassen und damit die spezifischen
Vorteile des Digitalrechners auch auf diesem Anwendungsgebiet nutzen zu können. Als
aussagefähiges Beispiel für die Untersuchungen wurde die Hochspannungs-Gleichstrom-
Übertragung herangezogen, da sie eine klassische Anwendung der Stromrichtertechnik
darstellt und wegen der in der Regel individuellen Auslegung der Anlagen in besonde-
rem Maße auf Voruntersuchungen im Labor angewiesen ist.

Zum Nachweis der Durchführbarkeit der Echtzeitsimulation und für die experimentelle
Erprobung des entwickelten Simulationssystems sollte der Simulator über geeignete
Schnittstellenbaugruppen mit Original-HGÜ-Regelungsbaugruppen verbunden werden.
Für eine solche Echtteilesimulation war eine HGÜ-Kurzkupplung nachzubilden, die zur
Verbindung asynchroner Drehstromnetze eingesetzt wird.

1

Digitale Echtzeitsimulation kontinuierlicher Systeme

Die Simulation technischer Systeme stellt ein seit vielen Jahren und in zahllosen Anwendungsfällen bewährtes Hilfsmittel für Entwurf und Inbetriebnahme von Geräten und Anlagen dar. Handelt es sich um kontinuierliche Systeme, so erfolgt deren Modellierung durch gewöhnliche Differentialgleichungen.

1.1 Numerische Integrationsverfahren

Ein numerisches Integrationsverfahren dient zur näherungsweisen Lösung der Differentialgleichung

$$\frac{dx(t)}{dt} = f(x(t), u(t)), \;\; mit\, x(t_0) = x_0, \tag{1.1}$$

wobei x die gesuchte Lösungsfunktion und $u(t)$ eine Anregungsfunktion beschreibt. Da nur Ableitungen der abhängigen Variablen x nach lediglich einer unabhängigen Variablen auftreten, handelt es sich um eine gewöhnliche Differentialgleichung. Ihre Lösung, d. h. die Bestimmung der Lösungsfunktion $x(t)$, ausgehend von einem bekannten Anfangszustand, stellt ein Anfangswertproblem dar.

Die Lösung ergibt sich allgemein durch den Übergang von der Differentialgleichung auf eine Differenzengleichung. Diese lautet:

$$x_{n+1} = x_n + \Delta(x_{n+1}, x_n, \ldots, x_{n-i}, u_{n+1}, \ldots, u_n), \;\; i\, Elem.von/N \tag{1.2}$$

In der Differenzengleichung wird zu einem Anfangswert der Wert einer Inkrementfunktion addiert, wobei die Struktur der Inkrementfunktion zur Klassifikation der Verfahren verwendet werden kann.

1. Explizite Verfahren

   Bei den expliziten Verfahren errechnet sich der neue Wert der Zustandsgröße x_{k+1} nur aus vergangenen Werten x_k, x_{k-1} usw. Diese Gleichungen heißen auch offene Formeln.

2. Implizite Verfahren

   Bei den impliziten Verfahren enthält die Inkrementfunktion auch x_{k+1} als Argument. Die Gleichungen heißen entsprechend geschlossene Formeln und die Lösungen können nur durch Iteration ermittelt werden.

3. Einschrittverfahren

   Bei den sogenannten Einschrittverfahren geht in die Berechnung der Inkrementfunktion nur der Zustand am Anfang des Integrationsintervalls ein. Innerhalb des Intervalls wird eine der Ordnung des jeweiligen Verfahrens entsprechende Anzahl von Funktionsauswertungen vorgenommen.

4. Mehrschrittverfahren

   Dagegen werden bei den Mehrschrittverfahren auch weiter zurückliegende Zustands- und Funktionswerte berücksichtigt. Die Mehrzahl dieser Verfahren bedarf dabei nur einer Funktionsauswertung im Integrationsintervall.

5. Prädiktor-Korrektor-Verfahren

   Eine Kombination verschiedener Formeln stellen die Prädiktor-Korrektor-Verfahren dar. Hier wird zunächst ein Näherungswert für die Zustandsgröße gebildet, der dann durch weitere Funktionsauswertungen und Anwendung impliziter Formeln iterativ verbessert wird.

6. Multirate-Verfahren

   Zur Anwendung dieser Verfahren wird das zu simulierende System in Teilsysteme mit unterschiedlicher Dynamik zerlegt, die dann mit jeweils eigenem Integrationsverfahren und spezifischer Schrittweite integriert werden [Gomm 1980].

Abschließend seien noch die halbanalytischen Verfahren erwähnt, die eine Sonderstellung bei der Berechnung des Lösungsverlaufs einer Differentialgleichung einnehmen. Diese Verfahren nehmen keine Transformation auf eine Differenzengleichung vor, sondern versuchen den Lösungsverlauf durch Reihenentwicklungen anzunähern, wobei die Koeffizienten der Reihe rekursiv berechnet werden. Der Berechnungsaufwand pro Integrationsschritt ist zwar relativ hoch, jedoch wird eine sehr große Schrittweite ermöglicht.

1.2　Simulation unter Echtzeitbedingungen

Bei Ablauf der Modellzeit des digitalen Simulators im Maßstab 1:1 zur realen Zeitbasis spricht man von einer Echtzeitsimulation. In diesem Fall ist die Möglichkeit gegeben,

Echtteile in die Simulation miteinzubeziehen.

Bei einer Simulation unter Echtzeitbedingungen müssen zwei grundsätzliche Anforderungen erfüllt werden.

1.2.1 Erste Echtzeitbedingung

Die durch das Programm und die Rechnerleistung gegebene Rechenzeit muß kleiner als das in einem Schritt simulierte Zeitintervall sein, wobei die Schrittweite eine obere Schranke in der Grenze der numerischen Stabilität besitzt. Die Echtzeitsimulation ist durchführbar, wenn es die Rechnerleistung und der gewählte Algorithmus zulassen, daß eine stabile Integrationsschrittweite gewählt werden kann.

Ist diese erste Echtzeitbedingung erfüllt, läßt sich über externe zeitgesteuerte Unterbrechungssignale eine Synchronisation mit dem vorgegebenen Zeitraster herstellen. Dann ist die Möglichkeit gegeben, Echtteile über geeignete Schnittstellen mit dem Rechnersystem zu verbinden und in die Simulation miteinzubeziehen. Dazu werden die Eingangsgrößen abgetastet und im Integrationsalgorithmus in geeigneter Weise berücksichtigt, um die Ableitungen der Zustandsgrößen zu berechnen. Die vom Programm erzeugten Näherungswerte der Zustandsgrößen werden sodann mit möglichst geringer Verzögerung wieder über die Echtteile-Schnittstellen ausgegeben.

Charakteristisch für solche Anwendungen ist die Konstanz der Integrationsschrittweite, die auf die Verbindung des Simulators mit realen Geräten zurückzuführen ist. Diese enthalten oft digitale Komponenten und werden in der Regel mit einer konstanten Abtastrate betrieben. Variationen der Schrittweite, die bei nicht an die Echtzeit gebundenen Simulationen üblich sind, wären nur unter erheblichem zusätzlichen Berechnungsaufwand durchzuführen.

1.2.2 Zweite Echtzeitbedingung

Innerhalb eines Integrationsschrittes sollen Funktionsauswertungen nur unter Verwendung bereits vorliegender Abtastwerte der Eingangsgrößen erfolgen.

Daraus folgt, daß Auswertungen am rechten Rand des Integrationsintervalls nicht vorgenommen werden können, da der Wert der Eingangsgröße zum Zeitpunkt der Berechnung noch nicht vorliegt. Die Vielzahl der zur Verfügung stehenden numerischen Integrationsverfahren wird dadurch auf die in Abschnitt 1.3.1 vorgestellten expliziten Formeln reduziert.

Liegen die Abtastzeitkonstanten für die unabhängigen Eingangsvariablen in der Größenordnung der Integrationsschrittweite, so bedarf es eines Integrationsverfahrens, das die in Form diskreter Wertefolgen vorliegenden Meßwerte bei der Auswertung der rechten Seite zeitrichtig berücksichtigt.

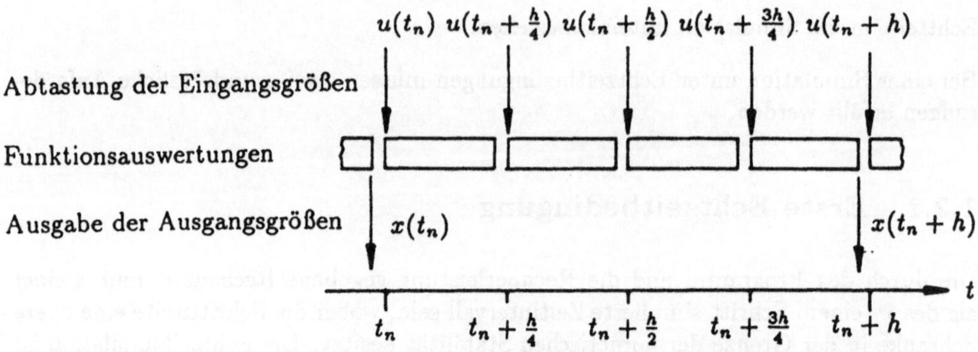

Bild 1.1: Zeitverhalten der numerischen Integration bei viermaliger Auswertung der rechten Seite

Wegen der, wie bereits erwähnt, in der Regel konstanten Abtastfrequenz der Schnittstellen-Baugruppen sollten die Auswertungen der rechten Seite des Differentialgleichungssystems äquidistant über dem Integrationsintervall verteilt sein und der realen Zeit nicht vorauseilen.

Zum Beispiel bedarf das klassische Runge-Kutta-Verfahren vierter Ordnung der viermaligen Auswertung der rechten Seite, die jede für sich etwa eine Viertel der Berechnungszeit beanspruchen. Die einzelnen Berechnungen beginnen deshalb bei $t_n, t_n + \frac{h}{4}, t_n + \frac{h}{2}$ und $t_n + \frac{3h}{4}$. Bild 1.1 zeigt das Zeitverhalten der numerischen Integration. Die für den rechten Rand des Integrationsintervalls definierten Schätzwerte der Zustandsgrößen müssen noch vor Erreichen der Intervallgrenze bereitgestellt werden.

Berechnet werden jedoch die Funktionswerte an den Stellen t_n, zweimal an $t_n + \frac{h}{2}$ und an $t_n + h$. Bei der zweiten und vierten Berechnung stehen demnach die zugehörigen Eingangsgrößen noch gar nicht zur Verfügung.

Die Anwendung solcher bewährten Formeln läßt sich natürlich über eine Extrapolation der Eingangsgrößen erzwingen, was jedoch neben dem zusätzlichen Berechnungsaufwand eine Reduktion der Genauigkeit bedeutet, besonders wenn die Eingangsgrößen hochfrequente Anteile enthalten.

1.3   Auswahl des Integrationsverfahrens

1.3.1   Verfahren für Echtzeitsimulationen

Unter Beachtung dieser Kriterien sind für eine Simulation unter Echtzeitbedingungen die folgenden Verfahren geeignet:

Einschritt-Methoden:

- Euler-Verfahren (1.Ordnung):

$$x_{n+1} = x_n + hf(x_n, u_n)$$

Auswertung bei: t_n

- Modifiziertes Euler-Verfahren (2.Ordnung):

$$x_{n+1} = x_n + hf(x_n + \frac{h}{2}f(x_n, u_n), u_{n+\frac{1}{2}})$$

Auswertung bei: $t_n, t_n + \frac{h}{2}$

- Heun-Verfahren (3.Ordnung)

$$x_{n+1} = x_n + \frac{1}{4}k_0 + \frac{3}{4}k_2$$

Es gilt:

$$k_0 = hf(x_n, u_n)$$

$$k_1 = hf(x_n + \frac{1}{3}k_0, u_{n+\frac{1}{3}})$$

$$k_2 = hf(x_n + \frac{2}{3}k_1, u_{n+\frac{2}{3}})$$

Auswertung bei: $t_n, t_n + \frac{h}{3}, t_n + \frac{2h}{3}$

- Runge-Kutta mit fünf Auswertungen (4. Ordnung)

$$x_{n+1} = x_n + \frac{1}{24}(-k_0 + 15k_1 - 5k_2 + 5k_3 + 10k_4)$$

Es gilt:

$$k_0 = hf(x_n, u_n)$$

$$k_1 = hf(x_n + \frac{1}{5}k_0, u_{n+\frac{1}{5}})$$

$$k_2 = hf(x_n + \frac{2}{5}k_0, u_{n+\frac{2}{5}})$$

$$k_3 = hf(x_n - \frac{2}{5}k_0 + k_1, u_{n+\frac{3}{5}})$$

$$k_4 = hf(x_n + \frac{3}{10}k_0 + \frac{1}{2}k_3, u_{n+\frac{4}{5}})$$

Auswertung bei: $t_n, t_n + \frac{h}{5}, t_n + \frac{2h}{5} \, t_n + \frac{3h}{5}, t_n + \frac{4h}{5}$

Mehrschritt-Methoden:

- Adams-Bashforth (2. und höherer Ordnung)

  Adams-Bashforth 2.Ordnung:

$$x_{n+1} = x_n + \frac{h}{2}(3f(x_n, u_n) - f(x_{n-1}, u_{n-1}))$$

  Adams-Bashforth 3.Ordnung:

$$x_{n+1} = x_n + \frac{h}{12}(23f(x_n, u_n) - 16f(x_{n-1}, u_{n-1}) + 5f(x_{n-2}, u_{n-2})]$$

- Milne

$$x_{n+1} = x_{n-3} + \frac{h}{3}(8f(x_n, u_n) - 4f(x_{n-1}, u_{n-1}) + 8f(x_{n-2}, u_{n-2}))$$

Die Einschrittverfahren sind beim Auftreten von Unstetigkeiten am besten geeignet.
Zudem lassen sich Änderungen der Schrittweite problemlos vornehmen, wie sie z.B.
nach Interpolationen zur genauen Lokalisierung der Unstetigkeitsstelle notwendig werden, um ein vorgegebenes Taktraster wieder zu erreichen.

Aus der Klasse der Mehrschrittverfahren eignen sich demnach die bekannten Prädiktor-
Verfahren, die ja explizite Formeln sind. Weitere stabile, explizite Mehrschritt-Formeln
lassen sich bei gegebener Eigenwertverteilung konstruieren. Dagegen verletzen die impliziten Korrektor-Verfahren die zweite Echtzeitbedingung und sind deshalb nicht geeignet. Für die Auswertung am rechten Rand wären vor Anwendung dieser Verfahren erst
alle unabhängigen Anregungsgrößen durch Extrapolation näherungsweise zu bestimmen. Dies würde einen zusätzlichen Rechenaufwand und einen Verlust an Genauigkeit
bedeuten.

Ein weiteres Auswahlkriterium ist der Rechenzeitbedarf eines Verfahrens für einen Integrationsschritt. Die Einschrittverfahren benötigen hier eine ihrer Ordnung entsprechende Anzahl von Auswertungen der rechten Seite, während die Anwendung einer
Mehrschrittformel lediglich eine Auswertung beansprucht.

Bei den expliziten Integrationsverfahren wird die Grenze der numerischen Stabilität
durch den betragsmäßig größten Eigenwert des Systems bestimmt. Die Wahl einer
zu großen Schrittweite führt dann zu numerischer Instabilität. Ein numerisch stabiles
Verhalten der Integration bedeutet, daß das Systemverhalten annähernd richtig nachgebildet wurde, wobei auch in diesem Fall bei zu groß gewählten Schrittweiten noch
erhebliche Fehler auftreten können. Die impliziten Verfahren können dagegen bei insta-
bilen Systemen, deren Verhalten nachgebildet werden soll, Stabilität vortäuschen, indem sie die entsprechend hochfrequenten Vorgänge unterdrücken. Hieraus folgt, daß die

Auswahl eines geeigneten Integrationsverfahrens und die Bewertung der erhaltenen Simulationsergebnisse erst nach einer eingehenden Beschäftigung mit dem dynamischen Verhalten des nachzubildenden Systems erfolgen kann.

Bei der Auswahl eines geeigneten Verfahrens ist der im Vergleich zu den Einschritt-Methoden geringe Stabilitätsbereich der o. a. Mehrschrittverfahren zu beachten. Ferner ist es allgemein nachteilig, daß diese Formeln einer Startrechnung zu Beginn der Integration und nach dem Auftreten einer Diskontinuität bedürfen. Im Interesse eines gleichbleibenden Berechnungsaufwandes pro Integrationsschritt können hierfür nur Verfahren verwendet werden, die die gleiche Anzahl von Auswertungen der rechten Seite erfordern, wie sie für das Mehrschrittverfahren vorgesehen ist. Wird z.B. Adams-Bashforth (3.Ordnung) verwendet, so kann nur mit Verfahren gestartet werden, die lediglich eine Auswertung der rechten Seite pro Integrationsschritt vornehmen. Das wäre in diesem Fall für den ersten Schritt das Euler-Verfahren und für den zweiten Schritt Adams-Bashforth (2.Ordnung).

Die Multirate-Verfahren lassen sich sehr effektiv einsetzen, wenn es gelingt, ein Differentialgleichungssystem in Teilsysteme unterschiedlicher Dynamik zu zerlegen, etwa in einen "steifen" und einen "nichtsteifen" Teil [Feilmeier 1982, Hadeler 1988]. Das steife Teilsystem wird dann mit einer kürzeren Schrittweite integriert als das nichtsteife, so daß sich insgesamt ein reduzierter Berechnungsaufwand für die Simulation über ein bestimmtes Zeitintervall ergibt. Die größere Schrittweite muß dabei ein ganzzahliges Vielfaches der kleineren Schrittweite sein.

Die halbanalytischen Integrationsverfahren erscheinen für die Simulation unter Echtzeitbedingungen nicht geeignet zu sein. Bei diesen Verfahren wird eine Potenzreihenentwicklung der Lösungsfunktion vorgenommen, wobei die Koeffizienten der Reihe rekursiv berechnet werden. Bei der Anwendung auf Echtzeitsimulationsaufgaben ergibt sich allerdings ein entscheidender Nachteil: Die Anregungsfunktion muß ebenfalls als Reihe dargestellt werden. Dies kann bei Vorliegen der Anregungsfunktion in Form einer diskreten Wertefolge zwar durch fortlaufende Interpolation und numerische Differentiation geschehen, führt aber zu einem Berechnungsaufwand, der mit jedem weiteren Wert zunimmt, so daß schließlich die erste Echtzeitbedingung verletzt werden kann. Eingehende Untersuchungen [Halin 1983] haben jedoch gezeigt, daß die Anwendung halbanalytischer Verfahren bei nicht an die Echtzeit gebundenen Aufgaben eine vergleichsweise große Schrittweite erlaubt, was eine hohe Simulationsgeschwindigkeit zur Folge hat.

Die Bewertung der in Frage kommenden Integrationsverfahren macht deutlich, daß die Auswahl eines numerischen Verfahrens nur für den Einzelfall getroffen werden kann. Es bedarf einer sorgfältigen Abschätzung des aus der gegebenen Differentialgleichung und dem gewählten Verfahren resultierenden Berechnungsaufwands. Im Vorgriff auf das in Kapitel 4 vorgestellte Modell einer HGÜ-Fernübertragung soll an dieser Stelle bereits auf die Untersuchungen eingegangen werden, die bezüglich der Verfahrensauswahl mit verschiedenen expliziten Formeln durchgeführt wurden [Breitkopf 1988, Schomakers 1989]. Es zeigte sich, daß aus Rechenzeitgründen nur Verfahren niedriger Ordnung eingesetzt werden können. Die Vergleichsergebnisse dieser Verfahren sind in

Verfahren	Ordnung	Anzahl der Auswertungen	Grenze der num. Stabilität
Euler	1	1	40 μs
Modif. Euler	2	2	150 μs
Ad.-Bashf. 2	2	1	10 μs

Tabelle 1.1: Vergleich expliziter Integrationsverfahren am Beispiel der HGÜ-Fernübertragung

Tabelle 1.1 zusammengefaßt.

Es wurde das modifizierte Euler-Verfahren für die Durchführung der Echtzeitsimulation ausgewählt, da es im Vergleich zu den anderen Verfahren den größten Bereich numerischer Stabilität aufweist.

1.3.2 Modifiziertes Euler-Verfahren

Das modifizierte Euler-Verfahren erfordert die Auswertung der rechten Seite eines gegebenen Differentialgleichungssystems zu Beginn und in der Mitte des Integrationsintervalls und liefert Näherungswerte für die abhängigen Variablen zum Ende des Integrationsintervalls. Anhand eines linearen Beispiels läßt sich zeigen, daß sich die Genauigkeit des Verfahrens steigern läßt, wenn die unabhängigen Eingangsgrößen mit doppelter Frequenz abgetastet werden. Der Funktionsauswertung in der Intervallmitte stehen dann aktuelle, statt extrapolierte, Werte der Eingangsgrößen zur Verfügung.

Die Beispielgleichung ist die Normalform eines linearen Systems mit der abhängigen Variablen x und der unabhängigen Eingangsgröße u:

$$\frac{dx}{dt} = ax(t) + bu(t) \tag{1.3}$$

Zur Berechnung einer Näherungslösung, ausgehend von einer bekannten Anfangsbedingung, wird eine Taylor-Reihenentwicklung durchgeführt:

$$x(t - t_0) = x(t_0) + \frac{dx}{dt}(t - t_0) + \frac{d^2x}{dt^2}\frac{(t - t_0)^2}{2} + \frac{d^3x}{dt^3}\frac{(t - t_0)^3}{6} + \cdots \tag{1.4}$$

Mit Einführung einer festen Schrittweite h läßt sich eine Rekursionsformel angeben,

$$x_{n+1} = x_n + h\frac{dx_n}{dt} + \frac{h^2}{2}\frac{d^2x_n}{dt^2} + \frac{h^3}{6}\frac{d^3x_n}{dt^3} + \cdots, \tag{1.5}$$

in die zusätzlich zur Ausgangsgleichung 1.3 auch deren nächsthöhere Ableitungen eingesetzt werden. Man erhält für die zweite Ableitung:

$$\frac{d^2x}{dt^2} = a\frac{dx}{dt} + b\frac{du}{dt} \tag{1.6}$$

Durch Einsetzen der Ausgangsgleichung folgt:

$$\frac{d^2x}{dt^2} = a^2x + abu + b\frac{du}{dt} \tag{1.7}$$

Für die dritte Ableitung gilt:

$$\frac{d^3x}{dt^3} = a\frac{d^2x}{dt^2} + b\frac{d^2u}{dt^2} \tag{1.8}$$

Nach Einsetzen von 1.6 und 1.3 gilt:

$$\frac{d^3x}{dt^3} = a\frac{d^2x}{dt^2} + b\frac{d^2u}{dt^2}\frac{d^3x}{dt^3} = a^3x + a^2bu + ab\frac{du}{dt} + b\frac{d^2u}{dt^2} \tag{1.9}$$

Damit folgt für die Rekursionformel

$$\tilde{x}_{n+1} = [1+ah+a^2\frac{h^2}{2}+a^3\frac{h^3}{6}]x_n+bh[1+a\frac{h}{2}+a^2\frac{h^2}{6}]u_n+bh^2[\frac{1}{2}+a\frac{h}{6}]\frac{du_n}{dt}+b\frac{h^3}{6}]\frac{d^2u_n}{dt^2}+\cdots, \tag{1.10}$$

wobei $\tilde{x}_{n+1}$ den exakten Lösungswert beschreibt. Die numerische Integration der Ausgangsgleichung 1.3 mit dem modifizierten Euler-Verfahren

$$x_{n+1} = x_n + hf(x_n + \frac{h}{2}f(x_n,u_n), u_{n+\frac{1}{2}}) \tag{1.11}$$

stellt eine Näherungslösung dar, deren Genauigkeitsordnung durch Vergleich mit der Rekursionsformel bestimmt werden kann. Bei einfacher Abtastung der unabhängigen Eingangsgröße u im Echtzeit-Takt ergibt sich

$$x_{n+1} = x_n + h[a(x_n + \frac{h}{2}(ax_n + bu_n)) + bu_n], \tag{1.12}$$

so daß man durch Ordnen und Zusammenfassen erhält:

$$x_{n+1} = [1 + ah + a^2\frac{h^2}{2}]x_n + [bh + ab\frac{h^2}{2}]u_n. \tag{1.13}$$

Durch Vergleich mit der Rekursionsformel 1.10 ergibt sich der Abbruchfehler des Verfahrens:

$$\delta_1 = \tilde{x}_{n+1} - x_{n+1}, \tag{1.14}$$

$$\delta_1 = a^3\frac{h^3}{6}x_n + a^2b\frac{h^3}{6}u_n + (ab\frac{h^3}{6} + b\frac{h^2}{2})\frac{du_n}{dt} + b\frac{h^3}{6}\frac{d^2u_n}{dt^2} + O_1(h^4). \tag{1.15}$$

Bei Abtastung der Eingangsgröße im doppelten Echtzeit-Takt ergibt sich:

$$x_{n+1} = x_n + h[a(x_n + \frac{h}{2}(ax_n + bu_n)) + bu_{n+\frac{1}{2}}], \tag{1.16}$$

Durch Ordnen und Zusammenfassen erhält man hier:

$$x_{n+1} = [1 + ah + a^2\frac{h^2}{2}]x_n + ab\frac{h^2}{2}u_n + bhu_{n+\frac{1}{2}}. \tag{1.17}$$

Um den Vergleich mit Gleichung 1.10 durchführen zu können, wird $u_{n+\frac{1}{2}}$ ebenfalls nach Taylor entwickelt. Man erhält:

$$u_{n+\frac{1}{2}} = u_n + \frac{h}{2}\frac{du_n}{dt} + \frac{h^2}{8}\frac{d^2u_n}{dt^2} + \frac{h^3}{48}\frac{d^3u_n}{dt^3} + \cdots \tag{1.18}$$

Nach Einsetzen in Gleichung 1.17 folgt

$$x_{n+1} = [1 + ah + a^2\frac{h^2}{2}]x_n + [bh + ab\frac{h^2}{2}]u_n + b\frac{h^2}{2}\frac{du_n}{dt} + b\frac{h^3}{8}\frac{d^2u_n}{dt^2} + \cdots, \tag{1.19}$$

so daß wieder der Abbruchfehler gebildet werden kann.

$$\delta_2 = \tilde{x}_{n+1} - x_{n+1}, \tag{1.20}$$

$$\delta_2 = a^3\frac{h^3}{6}x_n + a^2b\frac{h^3}{6}u_n + ab\frac{h^3}{6}\frac{du_n}{dt} + b\frac{h^3}{24}\frac{d^2u_n}{dt^2} + O_2(h^4). \tag{1.21}$$

Im Vergleich zu Gleichung 1.15 sind hier alle Fehlerterme bezüglich der Schrittweite h von nicht von mindestens zweiter, sondern von mindestens dritter Ordnung. Die Verdopplung der Abtastfrequenz der Eingangsgröße hat damit zu einer Erhöhung der Fehlerordnung der Integrationsformel um eins geführt. Die Differenzbildung der beiden Abbruchfehler macht dies ebenfalls deutlich:

$$\delta_1 - \delta_2 = b\frac{h^2}{2}\frac{du_n}{dt} + b\frac{h^3}{8}\frac{d^2u_n}{dt^2} + O(h^4). \tag{1.22}$$

1.3.3   Festlegung der Integrationsschrittweite

Die Größe der Integrationsschrittweite besitzt entscheidenden Einfluß auf die Stabilität und Genauigkeit einer numerischen Integration. Lassen sich für das zu simulierende System die Eigenwerte (bzw. ihre Größenordnungen) angeben, so liefert eine einfache Abschätzung einen ersten Hinweis auf die zu wählende Schrittweite.

Geht man erneut von einem linearen System erster Ordnung aus

$$\frac{dx}{dt} = a\,x(t) + b\,u(t) \tag{1.23}$$

und wendet das Euler-Verfahren an

$$x_{n+1} = x_n + h\,f(x_n, u_n)\,, \tag{1.24}$$

so erhält man eine Differenzengleichung erster Ordnung:

$$x_{n+1} - (1 + h\,a)x_n = h\,b\,u_n \tag{1.25}$$

Das betrachtete System ist stabil, wenn die Pole der z-Übertragungsfunktion innerhalb des Einheitskreises der z-Ebene liegen. Man erhält:

$$z - 1 - h\,a = 0 \qquad (1.26)$$

und es muß gelten

$$|z| = |1 + h\,a| < 1 \; . \qquad (1.27)$$

Mit dem positiv-reellen Eigenwert a folgt dann für die Schrittweite h:

$$0 < h < \frac{-2}{a} \qquad (1.28)$$

Zur Bestimmung derjenigen Integrationsschrittweite, für die eine numerisch stabile Integration noch durchgeführt werden kann, ist der betragsmäßig größte Eigenwert heranzuziehen. Im Falle des in Kapitel 4 erläuterten Modells der Fernübertragung ergeben sich Eigenwerte zwischen $-10\frac{1}{s}$ und $-10000\frac{1}{s}$, so daß es sich wegen des Größenordnungsunterschieds sogar um ein steifes Differentialgleichungssystem handelt. Die auch als Euler-Abschätzung bezeichnete Ungleichung liefert dann folgende obere Grenze für die Schrittweite:

$$h < \frac{-2}{-10000} = 200 \mu s \qquad (1.29)$$

Nachdem festgestellt wurde, ob die Simulation eines gegebenen dynamischen Systems überhaupt durchführbar ist, d. h. ob die erste Echtzeitbedingung erfüllt werden kann, wird die Integrationsschrittweite dann in der Regel so gewählt, daß ein Sicherheitsabstand zur Grenze der numerischen Stabilität eingehalten wird und daß andererseits eine möglichst geringe Akkumulation von Rundungsfehlern eintritt.

Für die HGÜ-Fernübertragung ergaben die entsprechenden Untersuchungen (Ergebnisse in Tabelle 1.1) eine Grenze der numerischen Stabilität von $150 \mu s$.

Zu den Stabilitätsbetrachtungen kommt bei den hier vorliegenden diskontinuierlichen Systemen hinzu, daß die Zeitpunkte der Diskontinuitäten möglichst genau zu bestimmen sind und daher eine möglichst kleine Schrittweite angestrebt wird.

Zusammenfassend hat die Festlegung der Integrationsschrittweite damit unter Berücksichtigung

- der Eigenwerte des Differentialgleichungssystems,

- der geforderten Nachbildungsgenauigkeit und

- der geforderten zeitlichen Auflösung der Integration

zu erfolgen.

2

Entwurf des Rechnersystems

Für die Durchführung der Untersuchungen wurde ein Rechnersystem entwickelt, das aus bis zu 14 baugleichen Rechnerkarten besteht. Diese werden unabhängig voneinander, zusammen mit einer Steuerungsbaugruppe, im Bussystem eines Versorgungsrechners betrieben. Obwohl es in der Literatur keine allgemeine oder verbindliche Definition für die Klassifizierung von Rechnersystemen mit mehreren Prozessoren gibt, da die wesentlichen Bestandteile ausgesprochen unterschiedlich gewichtet werden ([Händler 1981, Hwang 1985, Gonauser 1989]), kann die hier betrachtete Architektur als Multiprozessorsystem bezeichnet werden. Zur Begründung lassen sich die folgenden wesentlichen Merkmale angeben: Das Rechnersystem verfügt über mehr als einen Prozessor und besitzt ein Verbindungsnetzwerk, das die Prozessoren miteinander koppelt. Die Kopplung ist so gestaltet, daß die Prozessoren miteinander kommunizieren und bei einer gemeinsamen Aufgabenbearbeitung kooperieren können. Und schließlich befinden sich alle Prozessoren unter der Kontrolle eines gemeinsamen Betriebssystems. Bild 2.1 zeigt die allgemeine Grundstruktur eines Multiprozessorsystems (Prozessoren P_i mit lokalem Speicher M_i).

Die als Grundbaustein verwendete Rechnerkarte besitzt neben einem Steuerungspro-

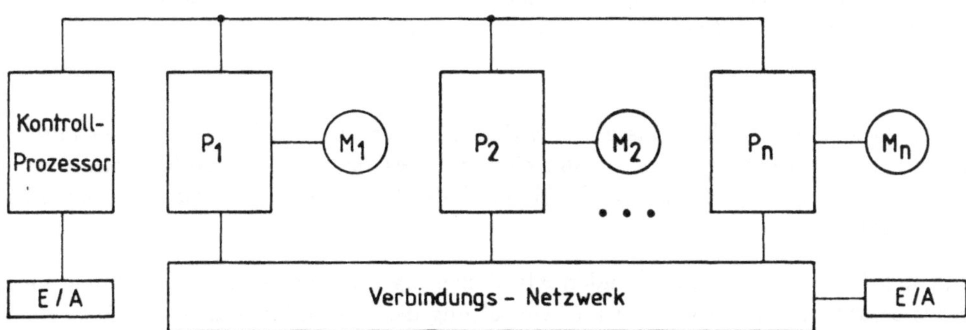

Bild 2.1: Grundstruktur eines Multiprozessorsystems

zessor noch ein spezielles Gleitkommarechenwerk, verfügt über lokalen Speicherraum und weist neben der Schnittstelle zum Versorgungsrechner eine weitere Schnittstelle zur leistungsfähigen Kopplung und schnellen Datenübertragung auf.

Die Problematik der von [Flynn 1972] angegebenen Definition zur Klassifizierung von Rechnerstrukturen, die auf einem von der Vielfachheit der Befehls- und Datenströme abhängigen Schema beruht, wird auch bei dem hier betrachteten Rechnersystem deutlich. Die recht grobe und nur für grundsätzliche Betrachtungen ([Händler 1977]) geeignete Einteilung der Rechnerstrukturen lautet:

SISD (Singe Instruction Stream, Single Data Stream)

> Herkömmliche sequentielle Rechnersysteme mit nur einem Prozessor (von-Neumann-Rechner).

MISD (Multiple Instruction Streams, Single Data Stream)

> Anwendung mehrerer Befehlsströme auf nur einen Datenstrom. Angabe eines mit dieser Struktur entwickelten Rechnersystem nicht möglich. (Der bei der Anwendung des Fließband-Verarbeitungsprinzips vorliegende Parallelismus auf Befehlszyklusebene sei hier nicht als Architekturkriterium zugelassen.)

SIMD (Single Instruction Stream, Multiple Data Streams)

> Anwendung des gleichen Befehlsstroms auf mehrere Datenströme. Setzt das Vorhandensein mehrerer gleichartiger Rechenwerke voraus, die gleichzeitig identische Befehle auf unterschiedlichen Datenströmen ausführen. Vertreter dieser Klasse sind die sogenannten Feldrechner bzw. Array-Prozessoren.

MIMD (Multiple Instruction Streams, Multiple Data Streams)

> Mehrere Befehlsströme bearbeiten unabhängig voneinander verschiedene Datenströme. Dieser Klasse sind demnach die Multiprozessorsysteme mit all ihren unterschiedlichen Erscheinungsformen zuzuordnen.

Zusätzlich gehören zu der Klasse der MIMD-Rechner aber auch noch die verteilten Systeme und die Rechnernetze, so daß sich hier insgesamt eine recht große Vielfalt von Rechnersystemen anfindet, die die Problematik der Flynnschen Definition offenkundig werden läßt.

Ohne auf die zu einer weitergehenden Klassifizierung heranzuziehenden Merkmale wie Prozessorzahl, Art der Kopplung und Gestaltung der Verbindungsstruktur näher einzugehen, kann die vorliegende Rechnerstruktur demnach als MIMD-Rechner und Multiprozessorsystem bezeichnet werden.

2.1 Entwurfskriterien

Die digitale Echtzeitsimulation dynamischer Systeme aus dem Bereich der elektrischen Energietechnik erfordert von einem seriell arbeitenden Rechner eine vergleichsweise hohe Verarbeitungsleistung, weshalb die Anwendung mehrerer, parallel arbeitender Prozessoren zur Lösung zeitkritischer Berechnungsaufgaben bereits in der Anfangszeit der Digitalrechentechnik vorgeschlagen wurde. Wegen der hohen Kosten konnte die Entwicklung solcher Systeme jedoch nur in Ausnahmefällen durchgeführt werden. Von [Korn 1972] stammt einer der ersten Vorschläge für ein Mehrrechnersystem zur digitalen Simulation kontinuierlicher Systeme. Erst mit dem Aufkommen der vergleichsweise preiswerten Mikroprozessoren gegen Ende der siebziger Jahre änderte sich die Situation, denn von nun an konnten der Simulationstechnik die benötigten Multiprozessorsysteme mit wirtschaftlich vertretbarem Aufwand zur Verfügung gestellt werden.

2.2 Prozessoranforderungen

Die Entwicklung eines Echtzeitsimulators stellt hohe Anforderungen an das zu entwerfende Rechnersystem. Bezüglich der verwendeten Prozessoren handelt es sich dabei um die Forderungen nach

1. hoher Verarbeitungsleistung,

2. ausreichender Genauigkeit und

3. geeigneten Kopplungsmöglichkeiten,

die im folgenden näher begründet werden sollen.

Zu 1.)

Die Bereitstellung ausreichender Verarbeitungsleistung stellt eine notwendige Bedingung für die Lösung einer Echtzeitsimulationsaufgabe dar. Der Forderung nach einer Erhöhung der Verarbeitungsleistung versucht man in der Prozessorentwicklung auf verschiedenen Wegen nachzukommen:

Die Hersteller sind ständig bemüht, die Schaltgeschwindigkeit der integrierten Transistoren zu erhöhen und die verfügbare Fläche auf dem Siliziumträger zu vergrößern. Auf diese Weise können mehr Funktionen auf dem Baustein untergebracht werden. Die aus der Schaltgeschwindigkeit resultierende Zykluszeit der Prozessoren konnte dabei durch die in der Vergangenheit erzielten Fortschritte bis auf fünf Nanosekunden bei den schnellsten Prozessoren reduziert werden.

Unabhängig von diesen technologischen Fragen kann das Leistungsvermögen eines Prozessors aber auch durch geeignete Maßnahmen hinsichtlich des konstruktiven

Aufbaus und der Prozessorarchitektur gesteigert werden. Aus der Vielzahl der sich bietenden und mit Erfolg in der Vergangenheit angewendeten Möglichkeiten (aufgabengerechte Datenbusauslegung und Registeranzahl, reduzierter Befehlssatz usw.) soll hier lediglich das Prinzip der Fließband-Verarbeitung näher erläutert werden, da es für die spätere Beschreibung der verwendeten Rechnerkarte von Nutzen ist.

In einem nach dem Fließband-Verarbeitungsprinzip aufgebauten Prozessor wird die Abarbeitung eines Befehls auf mehrere hintereinandergeschaltete "Fließband"-Stufen aufgeteilt. Jeder der somit entstandenen Teilprozessoren ist auf einen Teilschritt spezialisiert und kann diesen in einem Taktzyklus abarbeiten. Besteht das Fließband aus n Teilprozessoren, so erscheint das Ergebnis eines Befehls zwar erst nach n Takten am Ausgang des Fließbandes; trotzdem ist mit jedem weiteren Takt eine neues Ergebnis verfügbar. Die Zerlegung der Befehlsverarbeitung in Teilbefehle erfolgt dabei so fein, daß die einzelnen Stufen sehr einfach und damit sehr leistungsfähig aufgebaut werden können. Der Geschwindigkeitsgewinn eines Fließbandverarbeitungs-Prozessors rührt demnach daher, daß zum einen mehrere spezialisierte Teilprozessoren gleichzeitig an der Ausführung der Befehle arbeiten können, und zum anderen der einfache Aufbau solcher Spezialprozessoren eine höhere Taktfrequenz zuläßt, als dies bei einem Universalprozessor möglich wäre.

Zu 2.)

Es ist kennzeichnend für die Anwendung eines Rechners in der Simulationstechnik oder allgemein in der Prozeßtechnik, daß in stärkerem Maße als bei typischen Allzweckrechnern tatsächlich gerechnet wird, d. h. numerische Daten verarbeitet werden. In der Mehrzahl der Anwendungen genügt es dabei, die geforderten arithmetischen Verknüpfungen über die Abarbeitung von Bibliotheks-Unterprogrammen vorzunehmen. Sind jedoch, wie im Fall der Echtzeitsimulation, die Anforderungen sehr zeitkritisch, so müssen die geforderten Operationen von spezialisierten Rechenwerken ausgeführt werden.

Weiterhin sind Berechnungen im technisch-wissenschaftlichen Bereich nicht nur durch die Forderung nach hinreichender Genauigkeit, d.h. nach einer ausreichen Stellenzahl der Datenworte, gekennzeichnet, sondern sie erfordern zudem eine konstant relative Genauigkeit und einen genügend großen Wertebereich. Hier bietet sich die Gleitkomma-Darstellung der Zahlenwerte an, die zudem vom Problem der geeigneten Normierung der Rechengrößen bei Festkomma-Rechnungen befreit. In der Prozeßrechentechnik begann man daher bereits zu einem recht frühen Zeitpunkt, die für bestimmte zeitkritische Aufgaben eingesetzten Prozessoren mit zusätzlichen leistungsfähigen arithmetischen Rechenwerken auszurüsten, die sich auch für Gleitkommarechnungen eignen [Wyes 1988].

Man kann eine solche Anbindung eines spezialisierten Rechenwerkes an den Prozessor bezüglich der o. a. Ausführungen zur Leistungssteigerung auch als externe Erweiterung eines Mikroprozessors interpretieren. Heute werden unter dem recht dehnbaren Begriff "Co-Prozessor" in der weitaus größeren Zahl der Anwendungsfälle Rechenwerke eingesetzt, die Gleitkommaoperation ausführen oder die

Berechnung bestimmter transzendenter Funktionen übernehmen.

Zu 3.)

Im Gegensatz zum seriell arbeitenden Rechner treten bei einem Parallelrechner während des Ablaufs der Programme die bekannten Probleme der Kopplung auf, die in der notwendigen Synchronisaton und anschließenden Kommunikation zwischen gleichzeitig ausgeführten Programmteilen bestehen. Bei der Entwicklung von Mehrrechnersystemen sind daher in den Baugruppen und Betriebsprogrammen sowie in den jeweiligen Anwenderprogrammen Konstrukte vorzusehen, mit denen diese zusätzlichen Aufgaben gelöst werden können. Hierzu gehören geeignete Schnittstellen, Steuerungsbausteine für Unterbrechungen und direkten Speicherzugriff, Pufferspeicher usw. Für die möglichen Anwendungsfälle eines zu entwerfenden Mehrrechnersystems ist zudem seine Erweiterbarkeit in Erwägung zu ziehen.

An dieser Stelle soll auf das Transputerkonzept verwiesen werden, das auf den Einsatz in Multiprozessorsystemen direkt zugeschnitten ist. Es umfaßt einen Prozessorbaustein, in den bereits spezielle Kommunikationseinrichtungen integriert sind, und eine zugehörige Programmiersprache, die Elemente für die unmittelbare Kommunikation zwischen zwei auf verschiedenen Prozessoren ablaufenden Prozessen aufweist ([Dietsch et al. 1987, Lohse 1988, Oertel 1988]).

2.3   Rechnerstrukturanforderungen

Im Anschluß an die Betrachtungen hinsichtlich des einzusetzenden Prozessors sollen die Überlegungen zur Struktur des Multiprozessorsystems dargestellt wurden.

Die Vielzahl möglicher Verbindungsarten innerhalb eines Multiprozessorsystems soll in

- die gemeinsam genutzten Bussysteme (zeitmultiplex) und

- die Punkt-zu-Punkt-Systeme (raummultiplex)

eingeteilt werden. Das Bussystem ist der logisch einfachste und am meisten verwendete Typ eines Netzwerkes, um die Komponenten eines Multiprozessorsystems miteinander zu verbinden ([Eichele 1990, Gonauser 1989]). Für die Anwendung in der Echtzeitsimulationstechnik ist es von Bedeutung, daß während nur eines Übertragungszyklus die von einem Busteilnehmer gesendeten Daten gleichzeitig in eine beliebige Anzahl anderer Teilnehmer kopiert werden können. Dies entspricht der Forderung nach einem möglichst geringen Zeitbedarf für die Kommunikation zwischen den einzelnen Prozessoren. Hinzu kommt die einfache Erweiterbarkeit. Der bekannte Nachteil des Bussystems ist natürlich seine "Flaschenhals"-Charakteristik, d. h. die sinkende Übertragungsleistung bei Erhöhung der Busteilnehmerzahl über einen kritischen Schwellenwert hinaus, die durch häufiger auftretende Zugriffskonflikte verursacht wird. Die Definition dieses Schwellenwertes ist in hohem Maße von der jeweiligen Anwendung abhängig. (Eingehende Untersuchungen finden sich bei [Roehder 1980]).

Anwendungen der Punkt-zu-Punkt-Verbindungssysteme sind, im Falle der statischen Netze, die Rechneranordnungen in Form von linearen Ketten, Sternen, Ringen, Bäumen, Gittern usw.; im Falle der dynamischen Netze kommen z. B. die Kreuzschienenverteiler hinzu. Unter der Bezeichnung "Rechner" sei bei dieser Betrachtung eine Prozessor-Speicher-Kombination verstanden, die in einem solchen Zusammenhang auch häufig als Knoten bezeichnet wird. Offensichtlich ist bei diesen Strukturen nur eine Kommunikation zwischen unmittelbar benachbarten Knoten möglich, d. h. für einen Datenaustausch zwischen nicht unmittelbar benachbarten Knoten müssen alle auf dem Pfad liegenden Zwischenknoten die Daten mit entsprechendem Zeitaufwand weiterreichen. Der Vielzahl von Kommunikationswegen steht damit eine im Durchschnitt erhöhte Kommunikationsdauer gegenüber. Für Anwendungen, u. a. in der Echtzeitsimulationstechnik, besteht der wichtigste Vorteil nun darin, daß die Topologie des Verbindungssystems derjenigen Kommunikationsstruktur optimal angepaßt werden kann, die durch eine bestimmte Verteilung des Problems auf dem Multiprozessorsystem entsteht.

Für den Fall, daß bei der numerischen Integration von gewöhnlichen Differentialgleichungssystemen Gleichungen oder Gruppen von Gleichungen auf verschiedenen Prozessoren ausgewertet werden, erscheinen die Zeitmultiplex-Strukturen wegen des geringeren Kommunikationsaufwandes grundsätzlich geeigneter zu sein. Im Gegensatz dazu stellen bei der Lösung partieller Differentialgleichungssysteme die Raummultiplex-Verbindungen die bessere Wahl dar, da sich hier die räumliche Struktur des Rechnersystems der gewählten Diskretisierung anpassen läßt.

Schließlich soll auf die Ausführung der Verbindungen eingegangen werden. In der Literatur (z. B. [Milde 1988, Ungerer 1989, Eichele 1990]) hat sich die Einteilung nach eng gekoppelten und lose gekoppelten Verbindungen innerhalb eines Multiprozessorsystems durchgesetzt. Prozessoren werden danach als eng gekoppelt bezeichnet, wenn sie auf einen gemeinsamen Speicher zugreifen können. Dieser braucht nur einen Teil des zur Verfügung stehenden Adreßraumes zu umfassen und kann auch als verteilter Speicher ausgeführt sein. Hingegen liegt bei der losen Kopplung keine Prozessor-Speicher-Kopplung, sondern eine Prozessor-Prozessor-Kopplung vor. Ein direkter Zugriff eines Prozessors auf den Speicher eines anderen Prozessors ist nicht möglich. Für die Anwendung in der Echtzeitsimulationstechnik ist es nun von Bedeutung, daß bei enger Kopplung Daten bzw. Zeiger auf Daten übertragen werden können, während bei loser Kopplung vorwiegend Nachrichten ausgetauscht werden, da die Kommunikation entsprechend mehr Zeit erfordert. Da bei der Echtzeitsimulation kontinuierlicher Systeme gewöhnlich Probleme auftreten, die einen beträchtlichen Kommunikationsaufwand darstellen, stellen eng gekoppelte Verbindungen in der Mehrzahl der Fälle die geeignetere Kopplungsart dar.

Die beschriebenen Überlegungen stellen Rahmenbedingungen dar, die beim Entwurf der Rechnerstruktur des als Echtzeitsimulator einzusetzenden Multiprozessorsystems berücksichtigt wurden. Die näheren Festlegungen erfordern jedoch die Berücksichtigung weiterer Gesichtspunkte, die von der jeweiligen Anwendung, d. h. vom Modell des nachzubildenden Systems, von der Auswahl der Integrationsalgorithmen und von den verwendeten Prozessoren bzw. Prozessor-Speicher-Kombinationen, abhängig sind.

2.4 Verteilung des Berechnungsaufwandes

Grundsätzlich muß der Entwurf eines Multirechnersystems in engem Zusammenhang mit der zu lösenden Berechnungsaufgabe gesehen werden. Im Falle der numerischen Integration gewöhnlicher Differentialgleichungssysteme sind verschiedene Ansätze denkbar, die zu jeweils unterschiedlichen Rechnerstrukturen führen. Allgemein gilt, daß der gesamte zu bewältigende Berechnungsaufwand auf das Vorhandensein zeitlich parallel und unabhängig voneinander zu bearbeitender Teile hin zu untersuchen ist. Bei der numerischen Integration nimmt dabei die Auswertung der rechten Seite des Differentialgleichungssystems in der Regel einen relativ großen Anteil der Gesamtrechenzeit ein. Am Beispiel der sich dort bietenden Verteilungsmöglichkeiten sollen einige Überlegungen zur Parallelisierung des Berechnungsaufwandes erläutert werden.

In einem ersten Ansatz lassen sich die Differentialgleichungen einzeln oder blockweise auf die parallel arbeitenden Knoten des Multiprozessorsystems verteilen. Liegen die zugehörigen Anfangswerte vor, so können die einzelnen Prozessoren die Ergebnisse eines Integrationsschrittes unabhängig voneinander berechnen. Anschließend ist jedoch eine Koordination der parallelen Rechnung und ein Datenaustausch zwischen den Multiprozessorknoten erforderlich. Es entsteht dadurch innerhalb eines Integrationsschrittes ein festes Schema, das sich aus einer Steuerphase, einer autonomen oder Berechnungs-Phase und einer Kommunikationsphase zusammensetzt. Anwendungsbeispiele dieses Lösungsansatzes finden sich bei [Kober 1978] und [K. Schmidt 1982]. Der Kommunikationsaufwand ist dabei direkt vom Kopplungsgrad der einzelnen Differentialgleichungen abhängig. Weist die Systemmatrix eine Blockstruktur auf, so lassen sich die den einzelnen Blöcken entsprechenden Teilsysteme vorteilhaft auf die Multiprozessorknoten verteilen und der verbleibende Kommunikationsaufwand zwischen den Prozessoren ist entsprechend gering. Diese Überlegung läßt bereits den Schluß zu, daß es für die Verteilung einer Berechnungsaufgabe auf ein parallel arbeitendes Rechnersystems eine optimale Prozessoranzahl gibt, deren Überschreitung wegen der dann im Vergleich zur Rechenzeitersparnis stärker ansteigenden Kommunikationslast nicht sinnvoll ist. Die optimale Verteilung ergibt sich im wesentlichen aus einer Analyse der benötigten Zeiten für die Funktionsauswertung, für das Durchlaufen des Integrationsalgorithmus sowie für den Synchronisations- und Kommunikationsaufwand ([Franklin 1978]).

Im zweiten Ansatz wird das gegebene dynamische System durch die Einführung von Koppelgrößen in Teilsysteme zerlegt. Letztere können dann gleichzeitig und unabhängig voneinander auf verschiedenen Rechnern integriert werden. Dieser Ansatz liegt einer Vielzahl von Arbeiten auf dem Gebiet der digitalen Simulation zugrunde (z. B.

[H. H. Schmidt 1973, Mutschler 1974, Theuerkauf 1975, Schnieder 1978]). Es ergeben sich sehr übersichtliche Programmstrukturen, da jedes Teilsystem für sich modelliert werden kann, und die einzelnen Teilprogramme modulartig zum Gesamtprogramm kombiniert werden können. Als entscheidender Nachteil für die Anwendung bei Echtzeitsimulationen ist jedoch das mehrmalige Durchlaufen der Integrationsalgorithmen bis zur Konvergenz der Koppelgrößen anzusehen. Der Ansatz ist daher nur bei weniger zeitkritischen Berechnungsaufgaben anzuwenden, wie sie z. B. bei der Simulation mechanischer Systeme auftreten ([Hadeler 1988]).

Im dritten Ansatz kann schließlich sogar innerhalb der Auswertung der rechten Seite einer Differentialgleichung eine Verteilung der anstehenden Berechnungsaufgaben auf mehrer Rechner vorgenommen werden. Dies entspricht einer Zerlegung bis zu den einzelnen arithmetischen Operationen. Dieser allgemeine Ansatz macht das Problem der Lastverteilung deutlich. Auch hier ist natürlich anzumerken, daß mit der Verteilung der Berechnungsaufgaben der entstehende Kommunikations- und Koordinationsaufwand weiter zunimmt.

Anhand dieser beispielhaften Betrachtung läßt sich bereits feststellen, daß sich Parallelitäten auf der Ebene der zu lösenden Integrationsaufgabe, auf der Ebene der Algorithmen und auf der Ebene der Befehle finden und ausnutzen lassen.

3

Aufbau des Echtzeitsimulators

Entsprechend den Überlegungen zum Entwurf einer für die gestellte Aufgabe geeigneten Rechnerstruktur wurde mit einem schnellen Gleitkommarechner als Grundbaustein ein Multiprozessorsystem entwickelt ([Rathjen et. al. 1990]). Im folgenden Kapitel werden der Gleitkommarechner und die Struktur des als Echtzeitsimulator eingesetzten Rechnersystems erläutert.

3.1 Auswahl des Prozessors

Zum Zeitpunkt der Untersuchungen zur Auswahl der Komponenten des Multiprozessorsystems waren in der den gestellten Anforderungen entsprechenden obersten Leistungsklasse die folgenden Arten von Prozessoren auf dem Markt verfügbar.

- Allgemeine Mikroprozessoren mit vollständigem Befehlssatz, z. B. Intel 80386 oder Motorola 68020.

- Allgemeine Mikroprozessoren mit reduziertem Befehlssatz, z. B. Advanced Micro Devices AM 29000 oder Inmos T800.

- Signalprozessoren, z. B. Texas Instruments TMS 320C25.

Nach verschiedenen Untersuchungen hinsichtlich der erzielbaren Rechenleistungen (vergleichende Darstellungen finden sich auch bei [Gluth 1986] und [Aliphas et al. 1987]) fiel die Entscheidung zu Gunsten eines Signalprozessors in Verbindung mit einem leistungsfähigen Gleitkommarechenwerk. Tabelle 3.1 zeigt einen Vergleich von Ausführungszeiten verschiedener Prozessoren für Gleitkommaoperationen.

Bei dem ausgewählten Gleitkommarechenwerk handelt es sich um einen Baustein mit zwei nach dem Fließbandverarbeitungsprinzip aufgebauten Rechenwerken. Diese Auswahl bedeutet nicht nur die größte zu erwartende Gleitkommarechenleistung, sondern

Prozessor	a + b	a b	(a b) + c	sin (a)
Motorola MC68881 (20 MHz)	8800	9800	13400	23100
Transputer T800 (20 MHz)	650	950	1650	28500
Gleitkommarechner (8 MHz)	125	125	125	4625

Tabelle 3.1: Ausführungszeiten verschiedener Prozessoren für Gleitkommaoperationen
(Angaben in ns)

auch die Entscheidung, das zu bearbeitenden Problem mit Vektoren zu beschreiben,
um auf diese Weise eine möglichst hohe Auslastung des Bausteins zu erzielen.

Die Auswahl des Prozessors führt damit zu einer weiteren Randbedingung hinsichtlich
der Verteilung der anstehenden Berechnungsaufgaben auf die einzelnen Prozessoren des
Multiprozessorsystems.

3.2   Aufbau der Gleitkommarechnerkarte

Der verwendete Gleitkommarechner besitzt mit der sogenannten Harvard-Architektur
durch die voneinander getrennten Daten- und Programmspeicher die Struktur eines Signalprozessors (Bild 3.1). Er wird im Bussystem eines Versorgungsrechners betrieben,
auf dem die Programmentwicklung vorgenommen werden kann und der während des
Rechenbetriebs als Kontrollrechner fungiert.

Kernbausteine des Gleitkommarechners sind ein die Programmablaufsteuerung über-
nehmender Signalprozessor TMS 320C25 und für die Ausführung der Gleitkommaoperationen ein Rechenwerk WTL 3132. Der auf eine Wortbreite von 32 Bit ausge-
legte Datenspeicher ist mit dem Gleitkommarechenwerk und einer Schnittstelle zum
externen Vektorbus über einen internen Datenbus mit einer Breite von ebenfalls 32
Bit verbunden. Auf diese Weise wird mit jedem Buszyklus eine vollständige 32-Bit-
Gleitkommazahl übertragen. Der Signalprozessor, der als Programmzähler dient und
die Ablaufsteuerung übernimmt, kann über einen lokalen Bus von 16 Bit Breite auf den
Datenspeicher zugreifen. Die Adressen für den mit statischen Speicherbausteinen in
der Aufteilung von 32 K x 32 Bit aufgebauten Datenspeicher können wahlweise direkt
vom Signalprozessor oder über eine eigene Adressiereinheit erzeugt werden. Letztere
besteht aus 16 Registerpaaren (je zweimal 16 Bit), die eine indirekte Adressierung des
Datenspeichers mit beliebig einzusetzendem Inkrementalwert gestattet. Bestimmte re-
gelmäßige Datenstrukturen im Speicher (z. B. von Vektoren und Matrizen) lassen sich
auf diese Weise ohne zusätzlichen Zeitaufwand adressieren, indem die Adressiereinheit
noch im gleichen Taktzyklus die im folgenden Zyklus benötigte Adresse errechnet.

Über die Schnittstelle zum Versorgungsrechner wird der Gleitkommarechner geladen.
Sowohl auf Programm- und Datenspeicher, als auch auf verschiedene Register sind bidi-

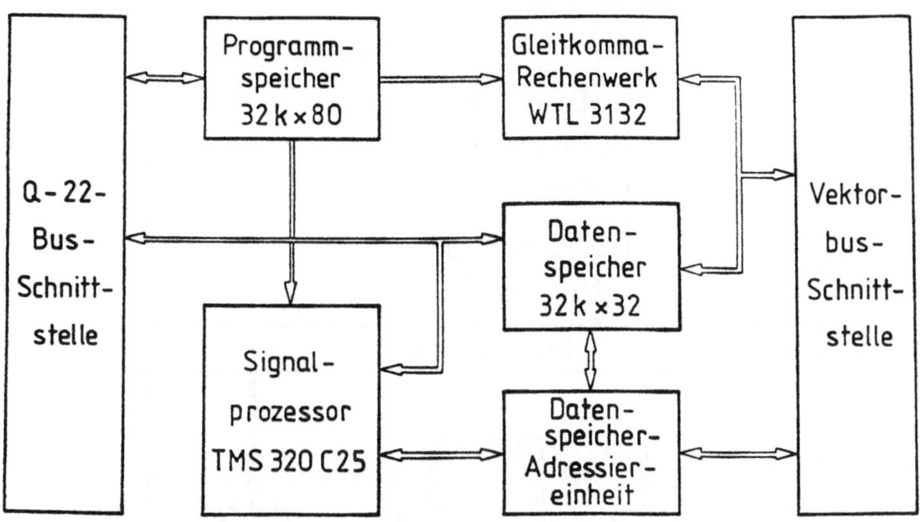

Bild 3.1: Struktur des Gleitkommarechners

rektionale Zugriffe möglich, so daß der Gleitkommarechner bezüglich des Versorgungsrechners völlig transparent ist. Diese Eigenschaft begünstigt den Einsatz leistungsfähi-
ger Hilfsprogramme für die Entwicklung von Anwenderprogrammen. Auch während
des Programmablaufs auf dem Gleitkommarechner kann dieser per direktem Speicherzugriff Daten mit dem Versorgungsrechner austauschen und über Unterbrechungen die
Abarbeitung bestimmter Dienstprogramme anfordern, was für Echtzeitanwendungen
sehr wichtig ist.

Der Signalprozessor bestimmt den Betrieb des gesamten Gleitkommarechners. Die von
ihm generierten Synchronisations- und Taktsignale führen zum Gleitkommarechenwerk
und zu allen Steuerbausteinen. Die somit vorgenommene grobe Strukturierung des
Rechners in drei wesentliche Teile spiegelt der Aufbau des Befehlswortes wider. Aus
der Gesamtbreite von 80 Bit werden bestimmte Gruppen von Instruktionsbits jeweils
dem Signalprozessor, dem Gleitkommarechenwerk und den verschiedenen Steuerbausteinen zugeführt. Dementsprechend werden Festkommaberechnungen im Signalprozessor, Fließkommaoperationen im Gleitkommarechenwerk und Datentransporte zwischen
den einzelnen Registern gleichzeitig ausgeführt.

Das Gleitkommarechenwerk besteht aus einem Multiplizierwerk, einer arithmetisch-
logischen Einheit und einem Registerblock, die in einer dreistufigen Fließbandstruktur
angeordnet sind (Bild 3.2). Zu jedem Zeitpunkt werden drei verschiedene Operationen
bearbeitet und mit jedem Takt kann eine neue Operation gestartet werden.

In Tabelle 3.2 sind die Leistungsmerkmale des Gleitkommarechners zusammenfassend
aufgeführt.

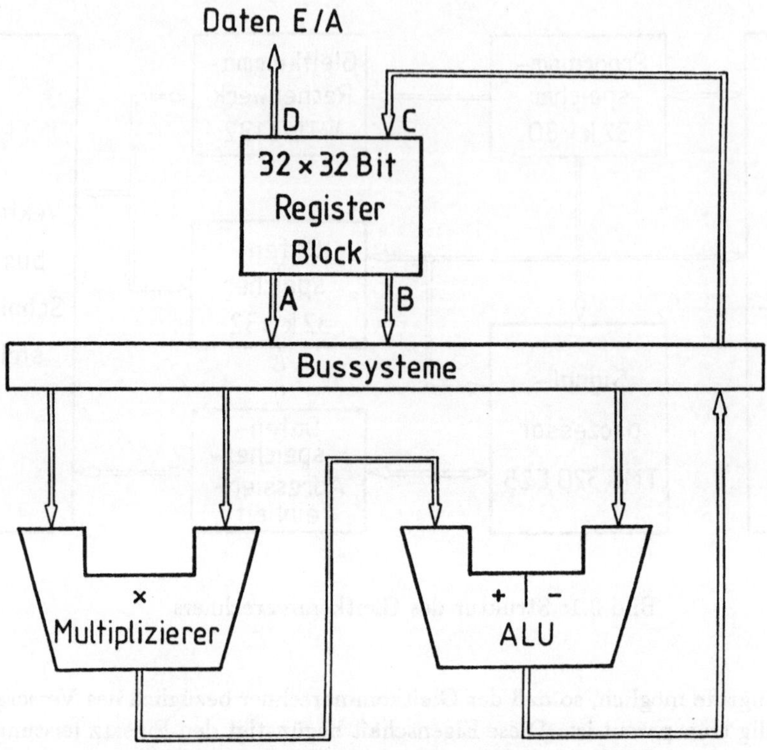

Bild 3.2: Struktur der Gleitkommarecheneinheit

3.3   Aufbau des Rechnersystems

Den in Kapitel 2 angestellten Überlegungen entsprechend wurde ein eng gekoppeltes
Multiprozessorsystem entwickelt, in dem die einzelnen Gleitkommarechnerkarten über
ein leistungsfähiges, paralleles Bussystem, den sogenannten "Vektorbus", miteinander
kommunizieren können.

Bis zu 14 Gleitkommarechner können am Bussystem des Versorgungsrechners (Q-22-
Bus der Fa. DEC, Verwendung in den Rechnertypen "PDP-11" oder "Micro-Vax")
betrieben werden. Um die Übertragungsleistung des Verbindungsnetzwerkes nicht zu
stark einzuschränken, wurden zwei Vektorbussysteme aufgebaut, die von einer ebenfalls
im Bussystem des Versorgungsrechners betriebenen Bussteuereinheit verwaltet werden.
Über einen in der Bussteuereinheit enthaltenen Zweitorspeicher ist die Verbindung der
beiden Bussysteme gewährleistet. Bild 3.3 zeigt die Grundstruktur des Echtzeitsimulators.

Innerhalb des Bussystems besteht existiert keine Master-Slave-Konfiguration. Wünscht
ein Busteilnehmer die Verfügungsgewalt über den Bus, so meldet er dies der Bussteue-

- Eigenständiger Rechner mit getrennten Programm-
  und Datenspeichern
- Programmablaufsteuerung und Festkommaberechnungen
  durch Signalprozessor TMS320C25
- Verarbeitung von 32-Bit-Gleitkommazahlen im IEEE-Format
  durch Gleitkommarechenwerk WTL3132
- Parallelbetrieb von Addier- und Multiplizierwerk ermöglicht
  die effektive Berechnung von Skalarprodukten
- Taktzykluszeit: 125 ns
- Grenzleistung: 16 Mio. Gleitkommaoperationen pro Sekunde
- Programmspeichergröße: 32 K x 80 Bit
- Datenspeichergröße: 32 K x 32 Bit
- Leistungsfähige Schnittstelle zu externem Bussystem
- Transparenz beider Speicher sowie aller Register bezüglich
  des Versorgungsrechners
- Effektiver Datenaustausch während des Betriebs über
  Unterbrechungen und direkten Speicherzugriff

Tabelle 3.2: Leistungsmerkmale des Gleitkommarechners

rung, die ihm dann, gegebenenfalls nach Beendigung noch laufender Übertragungen, den Bus freigibt. Im Falle des schreibenden Zugriffs kann angegeben werden, in welche der am Bus teilnehmenden Rechner die Daten übernommen werden sollen. Im Falle des lesenden Zugriffs kann nicht nur der Rechner angegeben werden, aus dessen Speicher gelesen werden soll, sondern es können weitere Teilnehmer genannt werden, die die Daten ebenfalls erhalten sollen. Somit findet ein kompletter Datenaustausch statt. Innerhalb jedes Rechners kann dann auf die benötigten Daten im Empfangsspeicher zugegriffen werden. Auf diese Weise werden zeitraubende Bus-Arbitrierungen und Übertragungsprotokolle vermieden. Das beschriebene Buskonzept stellt damit ein flexibles und leistungsfähiges Verbindungsnetzwerk dar, das den in Kapitel 2 formulierten Anforderungen entspricht.

Zum Anschluß von Reglern und Schutzeinrichtungen sind auf einer weiteren Karte mehrere Schnittstellen mit A/D-Umsetzern und D/A-Umsetzern aufgebaut. Über ein spezielles Busprotokoll werden die in den Schnittstellen zwischengespeicherten Abtastwerte von denjenigen Rechnern, die sie benötigen, angefordert. Ebenso werden die von den einzelnen Rechnern ermittelten Ausgangsgrößen dieser Karte zugeleitet. Bild 3.4 zeigt den Aufbau des somit entstandenen Echtzeitsimulators.

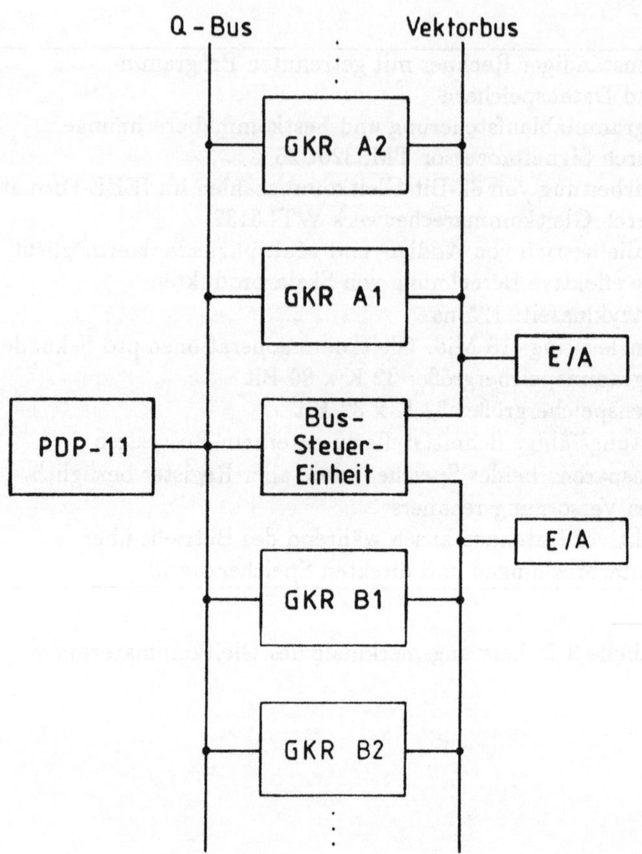

Bild 3.3: Grundstruktur des Echtzeitsimulators

3.4 Programmierung

Die Programmierung des Gleitkommarechners erfordert wegen des Fließband-Verarbeitungsprinzips des Gleitkommaprozessors besondere Aufmerksamkeit. Nach der Laufzeit von drei Takten ist das erste Ergebnis verfügbar und bei gefülltem Fließband folgt mit jedem weiteren Takt ein neues Ergebnis. Es ist deshalb ständig eine gewisse Vorausschau und der Überblick über die einzelnen Befehlsdauern erforderlich.

Für die Programmerstellung wurde ein eigenes Assemblierungs-Programm entwickelt, das die Programmierung im mnemonischen Code gestattet. Die bereits erwähnte Strukturierung des Rechners mit der Dreiteilung des Befehlswortes findet ihren Niederschlag auch in der Syntax des Assemblierungs-Programms. Jede Befehlszeile besteht aus einem Signalprozessor-Feld, einem Gleitkommaprozessor-Feld und einem Transfer-Feld, die voneinander durch das Zeichen "&" getrennt sind. Der folgende Programmausschnitt

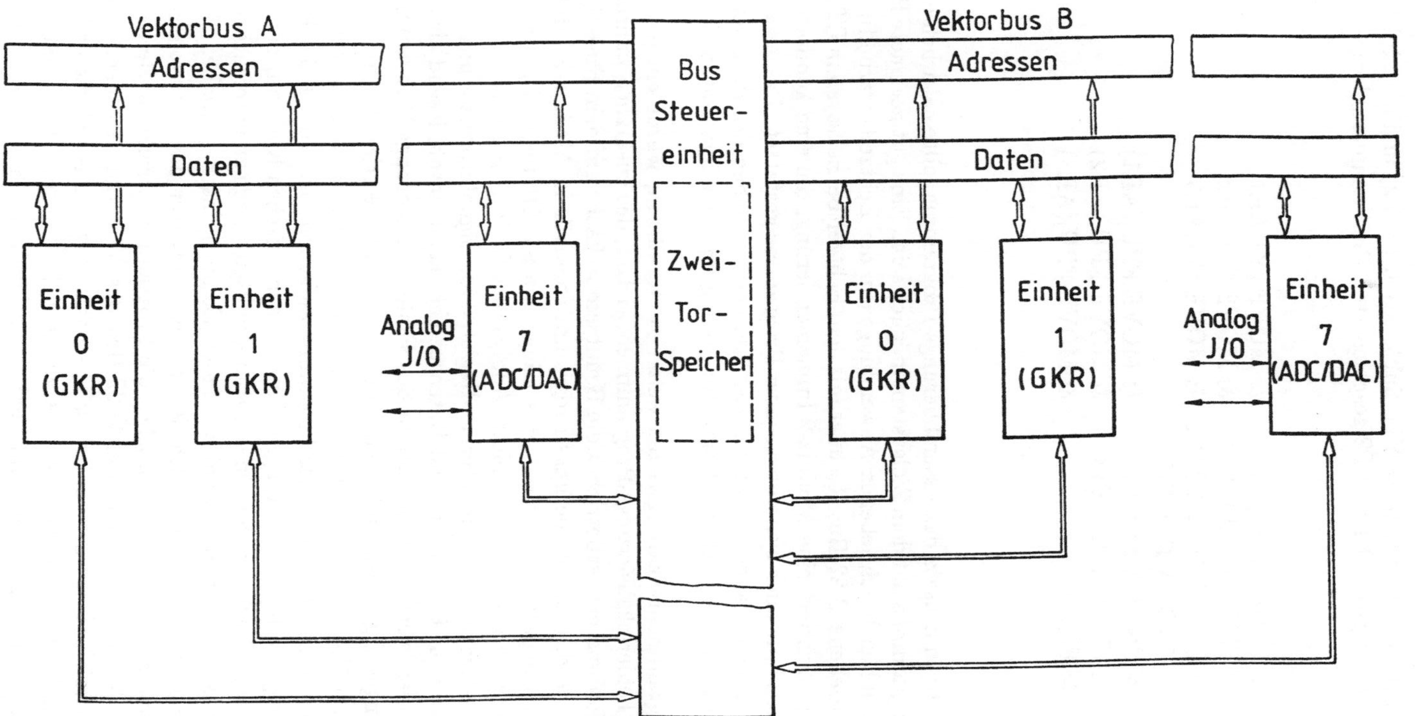

Bild 3.4: Struktur des Echtzeitsimulators

zeigt als Beispiel die Addition (= Y1), Subtraktion (= Y2) und die Multiplikation (=
Y3) der in den Registern F1 und F2 gespeicherten Gleitkommazahlen:

```
NOP           & FADD F1,F2,F11       & MOVE #Y1,AR1
NOP           & FSUB F1,F2,F12       & MOVE #Y2,AR2
NOP           & FMAC F1,F2,C0,F13    & MOVE #Y1,AR3
NOP           & FNOP \ FST F11
NOP           & FNOP \ FST F12       & MOVE FPU,(AR1)
NOP           & FNOP \ FST F13       & MOVE FPU,(AR2)
NOP           & FNOP                 & MOVE FPU,(AR3)
```

Für den effektiven Einsatz des Assemblierungs-Programms sollte natürlich die Entwicklung von Programmen auf dem Zielsystem möglich sein. Eine gut geeignete Betriebsum-
gebung für die hier beschriebenen Anwendungen in der Echtzeitverarbeitung stellt der
bereits beschriebene Q-22-Bus-Rechner mit dem Echtzeitbetriebssystem RT11 dar. Für
dieses System existiert eine Modula-2-Implementierung, die eine komfortable und effektive Entwicklung auch systembezogener Programme gestattet. Das Assemblierungs-
Programm hat eine Länge von 58 KBytes und erzeugt neben der Programmcodedatei
für den Gleitkommarechner ein Programm-Listing und eine Symboltabelle.

Um die Programmentwicklungszeiten weiter zu verkürzen, wurde ein menügeführtes,
interaktives Fehlerlokalisierungs-Programm entwickelt, das zusätzlich während des normalen Gleitkommarechnerbetriebes die Benutzeroberfläche auf dem Host-Rechner darstellt. Das wie das Assemblierungs-Programm ebenfalls in Modula-2 implementierte
Fehlerlokalisierungs-Programm hat eine Länge von 96 KBytes und gestattet die vollständige Kontrolle sowie eine komplette Analyse des Gleitkommarechnerzustandes. Auf
alle Hardware-Register und die internen Register von Signalprozessor und Gleitkomma-
prozessor sowie auf Programm- und Datenspeicher kann sowohl lesend als auch schrei-
bend zugegriffen werden, wobei der in das Fehlerlokalisierungs-Programm integrierte
Assemblierungsteil gezielte Änderungen im Programmkode erlaubt. Um hier nicht zeit-
raubend und mühsam in den 80-Bit-Befehlsworten suchen zu müssen, wurde gleich ein
Disassemblierungsmodul mit in das Programm aufgenommen, so daß der Benutzer den
Inhalt des Programmspeichers im gewohnten mnemonischen Kode auf dem Bildschirm
analysieren kann. Nach dem Setzen von Haltepunkten an den zu untersuchenden Stellen
im Programmkode ist dann sowohl das Lesen als auch das Beschreiben aller Speicher
und Register möglich, einschließlich der internen Register des Gleitkommaprozessors
und des Signalprozessors. Um zusätzlich die Programmkontrolle bei Betrieb mehrerer,
gekoppelter Gleitkommarechner am Q-22-Bus des Versorgungsrechners zu erlauben,
ist eine Umschaltfunktion des Fehlerlokalisierungs-Programms zwischen allen zu untersuchenden Rechnern implementiert. Es zeigte sich, daß mit Hilfe dieser Funktionen
die Programmentwicklungszeiten im Vergleich zu früheren Arbeiten an vergleichbaren
Rechnersystemen deutlich reduziert werden konnten.

3.5 Programmverwaltung

Der Versorgungsrechner des Echtzeitsimulators gestattet nicht nur die Durchführung der Programmentwicklung, sondern auch die Kontrolle des Simulationsbetriebes. Eine entsprechende Benutzeroberfläche bietet eine Vielzahl von Dienst- und Kontrollprogrammen an, mit denen jede an das Bussystem des Versorgungsrechners angeschlossene Einheit angesprochen werden kann.

Die gesamten Simulationsprogramme laufen auf den Gleitkommarechnern ab. Da diese weder über Festwertspeicher verfügen, noch direkten Zugriff auf das Dateisystem besitzen, übernimmt als Beispiel einer Dienstfunktion ein Initialisierungsprogramm des Versorgungsrechners das Laden der einzelnen Rechner mit Programmen und Daten. Die Synchronisation der einzelnen Programme erfolgt dann bereits über die lokalen Bussysteme.

Der Versorgungsrechner kann während des Simulationsbetriebs zur Ausgabe und Abspeicherung von Simulationsdaten und -parametern verwendet werden. Dies ist per Unterbrechung und sowie direktem Speicherzugriff seitens eines Gleitkommarechners möglich. Über entsprechende Hilfsroutinen kann jedoch auch eine Dateneingabe für Parameteränderungen und Systemkommandos in die Datenspeicher des Multiprozessorsystems vorgenommen werden. Der Versorgungsrechner stellt damit eine leistungsfähige Schnittstelle des Simulationssystems für Bedien- und Kontrollfunktionen dar. Bild 3.3 zeigt die Programmstruktur im Überblick.

<table>
<tr><td align="center">Versorgungsrechner

(PDP-11 mit Betriebssystem RT-11
und Modula-2-Laufzeitsystem)

Programmentwicklung, Erzeugen
von Simulationsdaten, Hilfs-
und Kontrollprogramme
Bildschirmdialog</td></tr>
<tr><td> </td></tr>
<tr><td align="center">Multiprozessorsystem

(Gleitkommarechner und
Peripheriebaugruppen)

Simulationsprogramme</td></tr>
</table>

Tabelle 3.3: Programmstruktur

Programm-Bezeichnung	$T/\mu s$
Inversion einer 2x2-Matrix (Gauß-Jordan-Verfahren)	31
Inversion einer 10x10-Matrix (Gauß-Jordan-Verfahren)	1139
Lineares Gleichungssystem, 2 Unbekannte (Gaußsches Eliminationsverfahren)	19
Lineares Gleichungssystem, 10 Unbekannte (Gaußsches Eliminationsverfahren)	381
Sinuswerte eines Vektors (10 Komponenten)	29
Cosinuswerte eines Vektors (10 Komponenten)	29

Tabelle 3.4: Rechenzeiten einiger Unterprogramme

Tabelle 3.4 zeigt die Rechenzeiten einer Unterprogramme, die für die Berechnung häufig benötigter Funktionen entwickelt wurden.

4

Hochspannungs-Gleichstrom-Übertragung

4.1 Einführung

Die Technik der Hochspannungs-Gleichstrom-Übertragung (HGÜ) wird seit ihrer Einführung in die elektrische Energietechnik vor etwa 25 Jahren erfolgreich eingesetzt. Die Hauptanwendungen einer HGÜ bestehen in der Übertragung großer Energien über weite Entfernungen, der Überquerung breiter Wasserstraßen und der Kopplung asynchroner Netze. Sie hat dabei Aufgaben übernommen, deren Lösung einer Energieübertragung mit Drehstrom aus technischen oder wirtschaftlichen Gründen verwehrt ist. Neben diesen "klassischen" Anwendungen einer HGÜ in Form des Zweipunktbetriebes begann 1985 die kommerzielle Nutzung des ersten HGÜ-Mehrpunktsystems. Bis heute sind weltweit etwa 50 HGÜ-Anlagen mit einer Gesamtleistung von mehr als 30 000 MW in Betrieb gegangen oder befinden sich noch im Bau.

4.2 Modell der Fernübertragung

Als aussagefähiges Beispiel für die ersten Untersuchungen zur Durchführbarkeit der Echtzeitsimulationen wurde eine HGÜ-Zweipunktverbindung herangezogen, wie sie üblicherweise für die Fernübertragung elektrischer Energie verwendet wird.

Es wird von der einfachsten Zweipunkt-Übertragung mit zwei Stromrichter-Stationen ausgegangen. Das Prinzip der Übertragung zwischen zwei frequenzstarren Drehstromnetzen mit Innenimpedanz ist in Bild 4.1 dargestellt. Jede Station enthält zwei in Reihe geschaltete sechspulsige Stromrichterbrücken mit geerdetem Mittelpunkt. Die Stromrichtertransformatoren dieser Brücken sind in Stern-Stern und in Stern-Dreieck geschaltet.

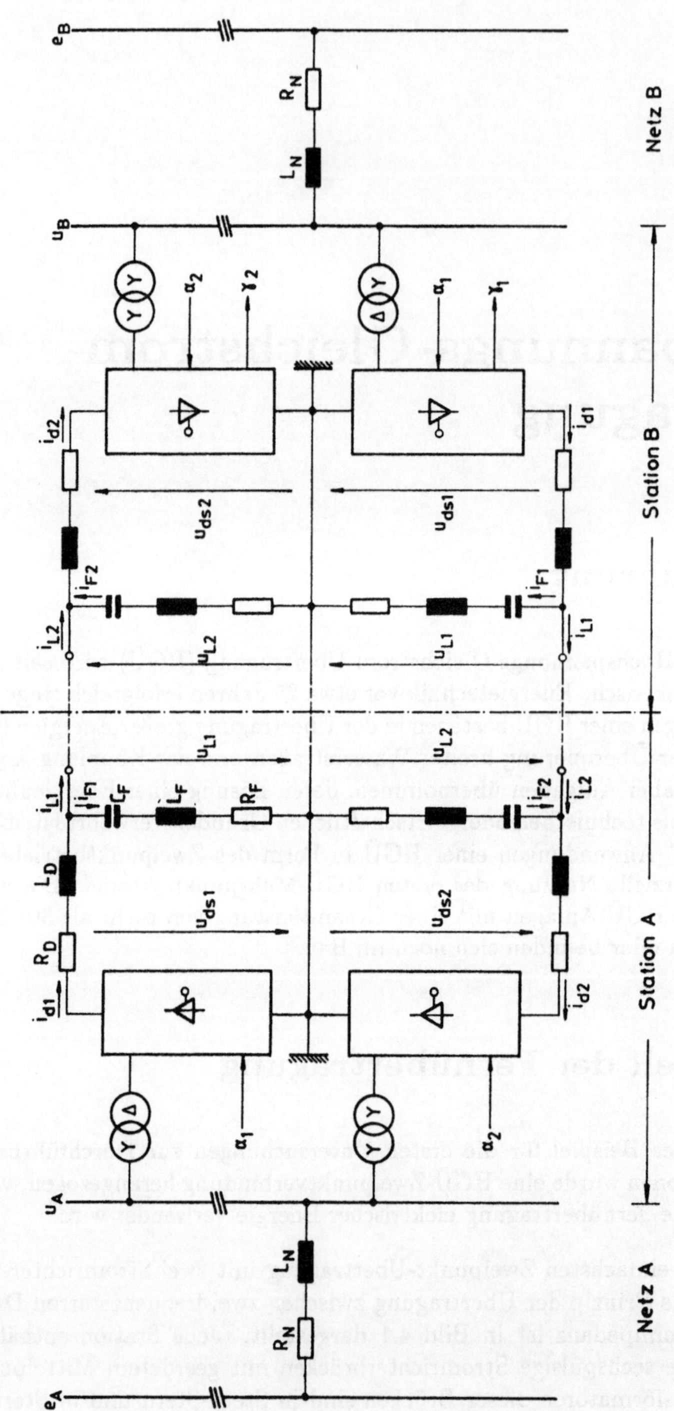

Bild 4.1: Ersatzschaltbild einer zweipoligen HGÜ

Station A formt den Drehstrom des energieliefernden Netzes in Gleichstrom um, während Station B im Wechselrichterbetrieb den übertragenen Gleichstrom wieder in Drehstrom wandelt.

Die HGÜ-Anlage besteht damit aus

- der Gleichstromleitung,

- den Filterkreisen,

- den Stromrichterstationen mit ihren Regeleinrichtungen und

- den angeschlossenen Drehstromnetzen.

Für die Nachbildung des Gesamtsystems ist es erforderlich, mathematische Modelle für die einzelnen Elemente zu entwickeln.

4.2.1 Die zweipolige erdsymmetrische Gleichstromleitung

Die Gleichstromleitung dient zur Übertragung der elektrischen Energie zwischen Gleich- und Wechselrichterstation. Sie wird bei Fernübertragungen zweipolig ausgeführt, so daß bei Ausfall einer Stationshälfte noch Energie über die verbleibende Hälfte übertragen werden kann. Zur Ableitung der mathematischen Modelle der Mehrfachleitung folgt eine kurze Darstellung der Leitungstheorie.

Mathematische Darstellung

Leitungen sind im Gegensatz zu elektrischen Netzwerken räumlich ausgedehnte Gebilde mit kontinuierlich verteilten Parametern, weshalb zur Behandlung elektrischer Vorgänge die allgemein gültigen Maxwellschen Gleichungen herangezogen werden müssen. Solange es sich jedoch um übliche elektrische Leitungen mit parallel zueinander verlaufenden Leitern handelt, deren Querschnittsabmessungen und Abstände klein gegenüber der zu betrachtenden Wellenlänge der elektromagnetischen Schwingung ist, kann von der allgemeinen Lösung der Maxwellschen Gleichungen abgesehen werden. Es ist dann gewöhnlich ausreichend, mit den Spannungen zwischen den Leitern und mit den Strömen in den Leitern sowie mit geeigneten Ersatzschaltbildern für die Leitung zu rechnen [Unger 1980].

Über das bekannte Ersatzschaltbild eines infinitesimalen Leitungsabschnittes mit Längsimpedanzen und Queradmittanzen (Bild 4.2) läßt sich die eindimensionale Wellenausbreitung längs der Leitung erfassen. Die Anwendung der Kirchhoffschen Regeln liefert die Leitungsgleichungen

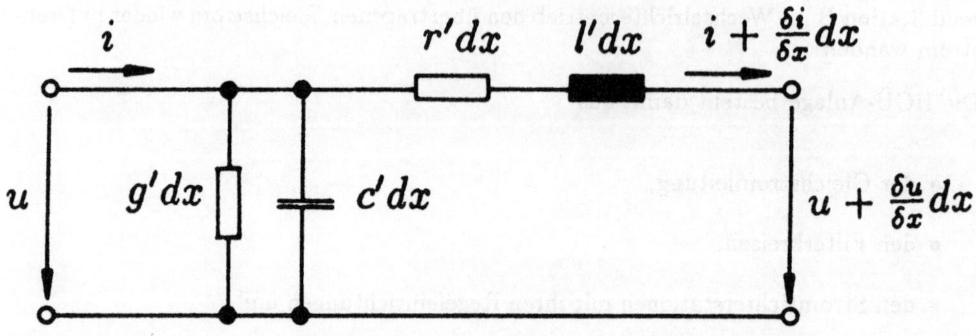

Bild 4.2: Ersatzschaltbild eines infinitesimalen Leitungsabschnitts (1-polig)

$$-\frac{\delta u}{\delta x} = r'i + l'\frac{\delta i}{\delta t} \tag{4.1}$$

$$-\frac{\delta i}{\delta x} = g'u + c'\frac{\delta u}{\delta t}, \tag{4.2}$$

aus denen sich durch Differentiation nach der Zeit, Einsetzen und Umformen die sogenannten Telegraphengleichungen ergeben:

$$\frac{\delta^2 u}{\delta x^2} = l'c'\frac{\delta^2 u}{\delta t^2} + (r'c' + g'l')\frac{\delta u}{\delta t} + r'g'u \tag{4.3}$$

$$\frac{\delta^2 i}{\delta x^2} = l'c'\frac{\delta^2 i}{\delta t^2} + (r'c' + g'l')\frac{\delta i}{\delta t} + r'g'i \tag{4.4}$$

Es handelt sich dabei um partielle Differentialgleichungen zweiter Ordnung vom hy-
perbolischen Typ. Sie beschreiben die verlust- und verzerrungsbehaftete Ausbreitung
homogener Wellen auf ebenen Leitern. Die verwendeten Leitungsbeläge sind dabei
keine Konstanten, sondern wegen z. B. Stromverdrängungseffekten in den Leitern und
Polarisationsverlusten im Dielektrikum abhängig von der Frequenz.

Bei der hier vorliegenden Fernübertragung wird eine zweipolige Leitung eingesetzt. Mit
dem Ersatzschaltbild für einen infinitesimalen Abschnitt (Bild 4.3) erhält man die folgenden Maschengleichungen

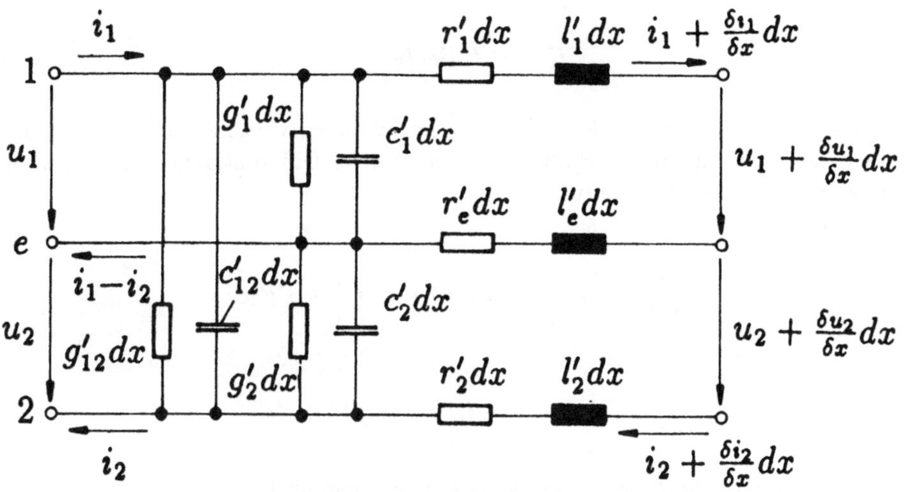

Bild 4.3: Ersatzschaltbild eines infinitesimalen Leitungsabschnitts (2-polig)

$$-\frac{\delta u_1}{\delta x} = (r_1' + r_e')i_1 + (l_1' + l_e')\frac{\delta i_1}{\delta t} - r_e'i_2 - l_e'\frac{\delta i_2}{\delta t} \qquad (4.5)$$

$$-\frac{\delta u_2}{\delta x} = (r_2' + r_e')i_2 + (l_2' + l_e')\frac{\delta i_2}{\delta t} - r_e'i_1 - l_e'\frac{\delta i_1}{\delta t} \qquad (4.6)$$

und die entsprechenden Knotengleichungen

$$-\frac{\delta i_1}{\delta x} = (g_1' + g_{12}')u_1 + (c_1' + c_{12}')\frac{\delta u_1}{\delta t} + g_{12}'u_2 + c_{12}'\frac{\delta u_2}{\delta t} \qquad (4.7)$$

$$-\frac{\delta i_2}{\delta x} = g_{12}'u_1 + c_{12}'\frac{\delta u_1}{\delta t} + (g_2' + g_{12}')u_2 + (c_2' + c_{12}')\frac{\delta u_2}{\delta t}. \qquad (4.8)$$

Unter Annahme des eingeschwungenen Zustandes lassen sich die zeitlichen Verläufe von Spannung und Strom auf der Leitung durch komplexe Zeiger $\tilde{U}$ und $\tilde{I}$ darstellen, deren Betrag dem jeweiligen Effektivwert entspricht; die Frequenz ω ist beliebig. Das Übertragungsverhalten bei sinusförmigen Vorgängen dient anschließend dazu, die Einschwingvorgänge bei frequenzabhängigen Leitungsbelägen zu bestimmen.

$$u(t) = \sqrt{2}Re(\tilde{U}e^{j\omega t}) \qquad (4.9)$$

$$i(t) = \sqrt{2}\,Re(\tilde{I}e^{j\omega t}) \qquad (4.10)$$

Durch Einsetzen in die partiellen Differentialgleichungen verschwindet die Abhängigkeit nach der Zeit und man erhält zwei gewöhnliche Differentialgleichungen zweiter Ordnung. Für die einpolige Leitung gilt:

$$\frac{d^2\tilde{U}}{dx^2} = [(j\omega)^2 l'c' + j\omega(r'c' + g'l') + r'g']\tilde{U} \qquad (4.11)$$

$$\frac{d^2\tilde{I}}{dx^2} = [(j\omega)^2 l'c' + j\omega(r'c' + g'l') + r'g']\tilde{I} \qquad (4.12)$$

Als Abkürzung wird die Ausbreitungskonstante γ eingeführt

$$\gamma = \sqrt{(r' + j\omega l')(g' + j\omega c')}\,, \qquad (4.13)$$

mit der sich die in dieser Form auch als Wellengleichung der Leitung bezeichneten Differentialgleichungen in einfacher Form darstellen lassen:

$$\frac{d^2\tilde{U}}{dx^2} = \gamma^2\tilde{U} \qquad (4.14)$$

$$\frac{d^2\tilde{I}}{dx^2} = \gamma^2\tilde{I} \qquad (4.15)$$

Zerlegt man die Ausbreitungskonstante in Real- und Imaginärteil

$$\gamma = \alpha + j\beta \qquad (4.16)$$

so erhält man die Dämpfungskonstante α mit

$$\alpha = \frac{1}{\sqrt{2}}\sqrt{r'g' - \omega^2 l'c' + \sqrt{(r'^2 + \omega^2 l'^2)(g'^2 + \omega^2 c'^2)}} \qquad (4.17)$$

und die Phasenkonstante β mit

$$\beta(\omega) = \frac{1}{\sqrt{2}}\sqrt{\omega^2 l'c' - r'g' + \sqrt{(r'^2 + \omega^2 l'^2)(g'^2 + \omega^2 c'^2)}}\,. \qquad (4.18)$$

Für die zweipolige Leitung erhält man durch Einführung der Vektorschreibweise für die komplexen Zeiger

$$\underline{\tilde{U}} = \left(\begin{array}{c} \tilde{U}_1 \\ \tilde{U}_2 \end{array} \right)$$

bzw.

$$\underline{\tilde{I}} = \left(\begin{array}{c} \tilde{I}_1 \\ \tilde{I}_2 \end{array} \right)$$

und Einsetzen ebenfalls zwei gewöhnliche Differentialgleichungen in den Unbekannten $\underline{\tilde{U}}$ und $\underline{\tilde{I}}$:

$$\frac{d^2\underline{\tilde{U}}}{dx^2} = \underline{A}\,\underline{\tilde{U}} \tag{4.19}$$

$$\frac{d^2\underline{\tilde{I}}}{dx^2} = \underline{A}\,\underline{\tilde{I}} \tag{4.20}$$

Diese werden sinngemäß als die Wellengleichung der Mehrfachleitung bezeichnet. Die quadratische Matrix $\underline{A}$ ist dabei das Produkt der beiden symmetrischen Matrizen Impedanzbelagsmatrix $\underline{Z}$ und Admittanzbelagsmatrix $\underline{Y}$. Im allgemeinen ist $\underline{A}$ jedoch nicht symmetrisch.

Wie in [Sadek 1972] abgeleitet wird, ergeben sich die Koeffizienten der Matrix $\underline{A}$ wie folgt:

$$\underline{A} = \left(\begin{array}{cc} a_{11} & a_{12} \\ a_{21} & a_{22} \end{array} \right)$$

$$
\begin{aligned}
a_{11} &= r'_1 g'_1 + r'_1 g'_{12} + r'_e g'_1 - \omega^2(l'_1 c'_1 + l'_1 c'_{12} + l'_e c'_1) \\
&\quad + j\omega(r'_1 c'_1 + r'_1 c'_{12} + r'_e c'_1 + l'_1 g'_1 + l'_1 g'_{12} + l'_e g'_1) \tag{4.21} \\
a_{12} &= r'_1 g'_{12} - r'_e g'_2 - \omega^2(l'_1 c'_{12} - l'_e c'_2) \\
&\quad + j\omega(r'_1 c'_{12} - r'_e c'_2 + l'_1 g'_{12} - l'_e g'_2) \tag{4.22} \\
a_{21} &= r'_2 g'_{12} - r'_e g'_1 - \omega^2(l'_2 c'_{12} - l'_e c'_1) \\
&\quad + j\omega(r'_2 c'_{12} - r'_e c'_1 + l'_2 g'_{12} - l'_e g'_1) \tag{4.23} \\
a_{22} &= r'_2 g'_2 + r'_2 g'_{12} + r'_e g'_2 - \omega^2(l'_2 c'_2 + l'_2 c'_{12} + l'_e c'_2) \\
&\quad + j\omega(r'_2 c'_2 + r'_2 c'_{12} + r'_e c'_2 + l'_2 g'_2 + l'_2 g'_{12} + l'_e g'_2) \tag{4.24}
\end{aligned}
$$

Die Wellengleichung verkoppelt die Spannungen und Ströme dieses Mehrfachsystems untereinander.

Leitungsnachbildung durch Komponentenverfahren

Um auch für die Mehrfachleitung unverkoppelte Wellengleichungen zu erhalten, für
die sich einfache Lösungen angeben lassen, wird durch eine lineare Transformation
ein neues System von Spannungen bzw. Strömen eingeführt. Man erhält demnach
zwei voneinander entkoppelte Einfachleitungen, die im folgenden mit Beta- bzw. Null-
System bezeichnet werden. Für beide Systeme gelten dann die Ausbreitungsgesetze
der Einfachleitung. Dieses Verfahren entspricht der Transformation auf ein System von
Eigenwellen, von denen jedes Mehrfachleitungssystem mit $n+1$ Leitern genau n besitzt.

Die lineare Transformation lautet

$$\tilde{\underline{U}} = \underline{W}\,\tilde{\underline{U}}_{\beta 0}, \tag{4.25}$$

wobei gilt

$$\tilde{\underline{U}}_{\beta 0} = \begin{pmatrix} \tilde{U}_{\beta} \\ \tilde{U}_0 \end{pmatrix}.$$

Damit im transformierten Differentialgleichungssystem

$$\frac{\delta^2 \tilde{\underline{U}}_{\beta 0}}{\delta x^2} = \underline{\Gamma}^2\,\tilde{\underline{U}}_{\beta 0} \tag{4.26}$$

die einzelnen Differentialgleichungen voneinander entkoppelt sind, muß die Matrix $\underline{\Gamma}^2$
Diagonalgestalt besitzen:

$$\underline{\Gamma}^2 = \begin{pmatrix} \gamma_{\beta}^2 & 0 \\ 0 & \gamma_0^2 \end{pmatrix}$$

Durch Einsetzen der Transformationsgleichung 4.25 in die Wellengleichung 4.19 und
Vergleich mit dem transformierten Differentialgleichungssystem 4.26 folgt die Bestim-
mungsgleichung für die Transformationsmatrix $\underline{W}$:

$$\underline{W}^{-1}\,\underline{A}\,\underline{W} - \underline{\Gamma}^2 = 0 \tag{4.27}$$

Bei [Sadek 1972] ist die Bestimmung der Transformationsmatrix angegeben. Unter
Berücksichtigung der folgenden Beziehungen für die zweipolige erdsymmetrische Gleichstromleitung

$$r_1' = r_2' = r'$$
$$l_1' = l_2' = l'$$
$$c_1' = c_2' = c_e'$$
$$c_{12}' = c_g'$$
$$g_1' = g_2' = g_{12}' = 0$$

und der daraus folgenden Symmetriebedingungen für die Matrix $\underline{A}$

$$a_{11} = a_{22}$$
$$a_{12} = a_{21}$$

gilt dann:

$$\underline{W} = \frac{1}{\sqrt{2}} \begin{pmatrix} 1 & 1 \\ 1 & -1 \end{pmatrix}$$

Die Ausbreitungskonstanten der beiden Einfachleitungen ergeben sich dabei zu

$$\gamma_\beta^2 = -\omega^2 \, l' \, (c_e' + 2c_g') + j\omega \, r' \, (c_e' + 2c_g') \tag{4.28}$$

und

$$\gamma_0^2 = -\omega^2 \, c_e' \, (l' + 2l_e') + j\omega \, c_e' \, (r' + 2r_e'). \tag{4.29}$$

Durch Vergleich mit Gleichung 4.11 lassen sich die Beläge der beiden Einfachleitungen ableiten:

$$r_\beta' = r' \qquad g_\beta' = 0 \qquad l_\beta' = l' \qquad c_\beta' = c_e' + 2\,c_g'$$

$$r_0' = r' + 2\,r_e' \quad g_0' = 0 \quad l_0' = l' + 2\,l_e' \qquad c_0' = c_e'$$

Die Beziehungen für die Dämpfungs- und Phasenkonstanten sind recht verwickelt. Nach [Unger 1980] sind jedoch für die meisten praktischen Fälle wesentliche Vereinfachungen zulässig. Für die hier vorliegende Freileitung mit vergleichsweise großem Leiterquerschnitt gilt:

$$\alpha_\beta = \frac{r'}{2} \sqrt{\frac{c_e' + 2\,c_g'}{l'}} \tag{4.30}$$

$$\alpha_0 = \frac{r + 2\,r'_e}{2}\sqrt{\frac{c'_e}{l' + 2\,l'_e}} \tag{4.31}$$

$$\beta_\beta = \omega\,\sqrt{l'\,(c'_e + 2\,c'_g)} \tag{4.32}$$

$$\beta_0 = \omega\,\sqrt{(l' + 2\,l'_e)\,c'_e} \tag{4.33}$$

Mit Hilfe der entsprechenden Näherungsbeziehung für den Wellenwiderstand

$$Z = \sqrt{\frac{l'}{c'}} \tag{4.34}$$

folgen die Wellenwiderstände der Einfachleitungen:

$$Z_\beta = \sqrt{\frac{l'}{c'_e + 2\,c'_g}} \tag{4.35}$$

$$Z_0 = \sqrt{\frac{l' + 2\,l'_e}{c'_e}} \tag{4.36}$$

Die Phasenkonstanten β_β und β_0 sind proportional zur Frequenz. Für die Mehrfachleitung der Länge l ergeben sich daher mit

$$T = \frac{l\,\beta}{\omega} \tag{4.37}$$

zwei frequenzunabhängige Laufzeiten für die beiden Einfachleitungen:

$$T_\beta = l\,\sqrt{l'\,(c'_e + 2\,c'_g)} \tag{4.38}$$

$$T_0 = l\,\sqrt{(l' + 2\,l'_e)\,c'_e} \tag{4.39}$$

Wegen der für die Freileitung getroffenen vereinfachenden Annahmen sind die beiden Einfachleitungen verzerrungsfrei, d. h. die Phasengeschwindigkeiten aller Frequenzanteile sind gleich.

Bei den bisherigen Betrachtungen wurden eingeschwungene sinusförmige Zustände auf der Leitung angenommen, um über die frequenzabhängigen Leitungsbeläge die Leitungsparameter und das Lösungsverfahren zu erhalten. Zur Berechnung von Ausgleichsvorgängen geht man dagegen vom allgemeinen nicht-eingeschwungenen Zustand aus.

Als allgemeine Lösung der partiellen Wellengleichung ergibt sich die Überlagerung einer hinlaufenden und einer rücklaufenden Welle:

$$u = f_h(t - \frac{x}{v}) + f_r(t + \frac{x}{v}) \tag{4.40}$$

Betrachtet man nun die Verhältnisse am Leitungsende, so läßt sich die ankommende Welle als elektromotorische Kraft auffasssen. Diese wirkt in einem Kreis, der aus der Reihenschaltung des Wellenwiderstandes mit der Abschlußbeschaltung gebildet wird. Man erhält somit für die beiden Einfachleitungen die Wellenersatzbilder der jeweiligen Leitungsabschlüsse (Bild 4.4).

Nach [Unger 1980] lassen sich für die eingeprägten Spannungen nun Beziehungen angeben, die von den Spannungs- und Strom-Verhältnissen am jeweils entgegengesetzten Leitungsende ausgehen. Mit der ankommenden Welle treten Spannung und Strom in gleicher Form wie am Anfang der Leitung auf. Sie sind lediglich gegenüber den Verhältnissen am Leitungsanfang um die Laufzeit T verzögert und die Amplitude ist um den Faktor $e^{-\alpha l}$ verkleinert.

Für das Beta-System gilt:

$$u_{w\beta A}(t) = [u_{\beta B}(t - T_\beta) - Z_\beta\, i_{\beta B}(t - T_\beta)]e^{-\alpha_\beta l} \tag{4.41}$$

$$u_{w\beta B}(t) = [u_{\beta A}(t - T_\beta) + Z_\beta\, i_{\beta A}(t - T_\beta)]e^{-\alpha_\beta l} \tag{4.42}$$

Die Gleichungen für das Null-System ergeben sich entsprechend.

Wellenersatzbild der Gleichstromleitung

Den Gesetzen der Einfachleitung entsprechend gilt für die zeitlichen Verläufe von Spannungen und Strömen an den Klemmen der Gleichstromleitung

$$\underline{u} = \underline{W}\, u_{\beta 0} \tag{4.43}$$

bzw.

$$\underline{i} = \underline{W}\, i_{\beta 0}, \tag{4.44}$$

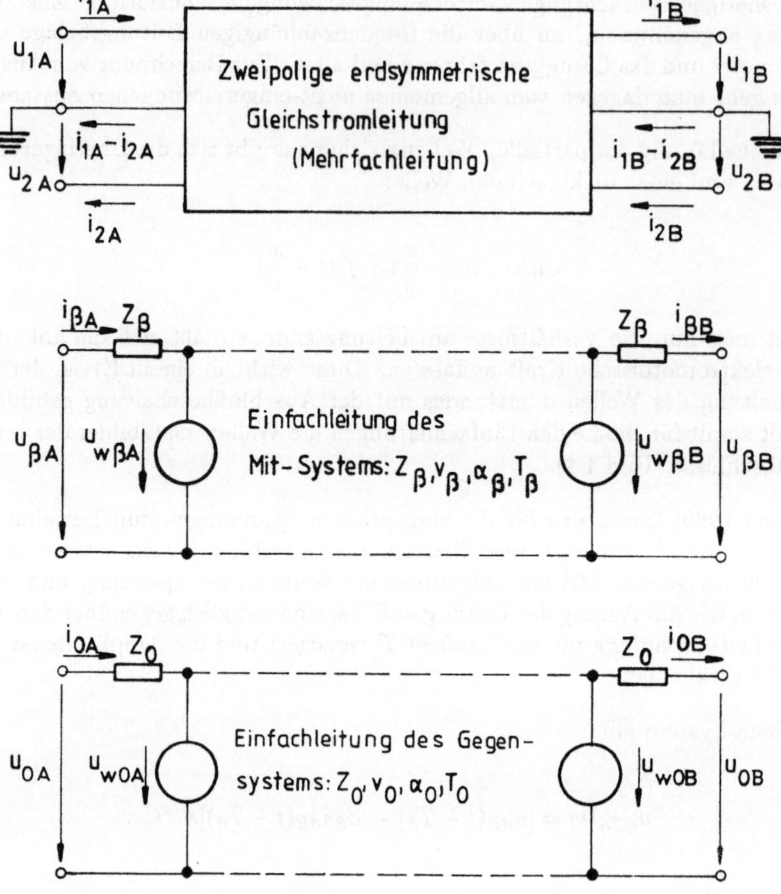

Bild 4.4: Zerlegung der Mehrfachleitung und Wellenersatzbilder

mit $\underline{u} = \begin{pmatrix} u_1 \\ u_2 \end{pmatrix}$ bzw. $\underline{i} = \begin{pmatrix} i_1 \\ i_2 \end{pmatrix}$.

Mit dem allgemeinen Ansatz für die Mehrfachleitung

$$\underline{u} = \underline{Z}\,\underline{i} + \underline{u}_w. \tag{4.45}$$

und der Widerstandsmatrix $\underline{Z}$ ([Sadek 1972]) mit den bereits bekannten Wellenwiderständen der Einfachleitungen

$$\underline{Z} = \frac{1}{2}\begin{pmatrix} Z_\beta + Z_0 & Z_\beta - Z_0 \\ Z_\beta - Z_0 & Z_\beta + Z_0 \end{pmatrix}$$

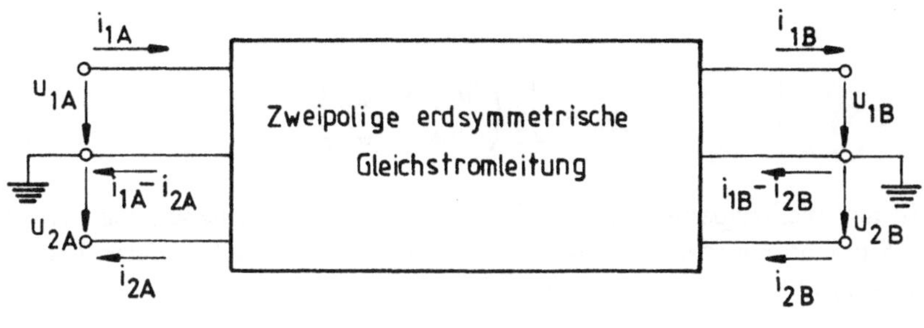

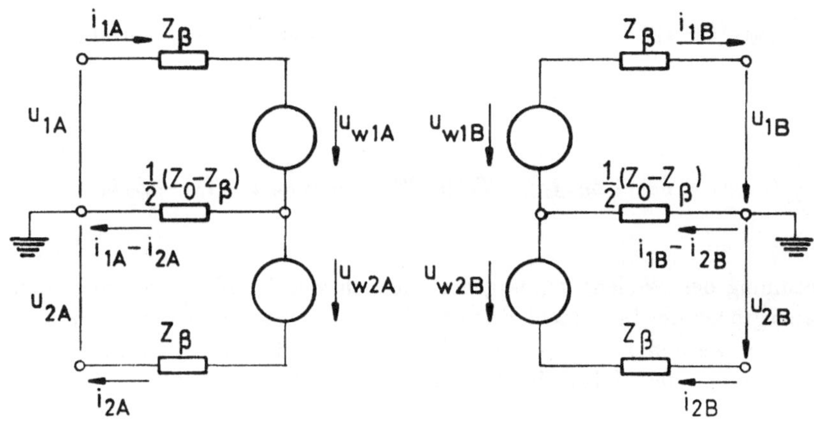

Bild 4.5: Ersatzschaltbild der zweipoligen Gleichstromleitung

lauten die Beziehungen zwischen Spannungen und Strömen am Leitungsende "A" damit wie folgt

$$u_{1A} = Z_\beta i_{1A} + \frac{1}{2}(Z_0 - Z_\beta)(i_1 - i_{2A}) + u_{w1A} \tag{4.46}$$

$$u_{2A} = Z_\beta i_{2A} - \frac{1}{2}(Z_0 - Z_\beta)(i_{1A} - i_{2A}) + u_{w2A} \tag{4.47}$$

und es kann ein einfaches Ersatzschaltbild (Bild 4.5) angegeben werden.

Für die späteren Anwendungen ist noch die Ableitung der Wellenspannungen u_{w1} und u_{w2} aus den Klemmengrößen von Bedeutung. Es gilt für die Wellenspannungen

$$\underline{u}_w = \underline{W}\,\underline{u}_{w\beta 0} \,, \tag{4.48}$$

woraus sich nach Einsetzen der Transformationsmatrix ergibt:

$$\underline{u_w} = \frac{1}{\sqrt{2}} \left(\begin{array}{c} u_{w\beta} + u_{w0} \\ u_{w\beta} - u_{w0} \end{array} \right)$$

Die Werte der Wellenspannungen der Einfachleitungssystem lassen sich nun aus den jeweiligen Momentanwerten von Spannung und Strom am jeweils anderen Leitungsende zur Zeit $(t - T_\beta)$ bzw. $(t - T_0)$ herleiten. Es gilt:

$$u_{w1A} = \frac{1}{\sqrt{2}}(u_{\beta B}(t - T_\beta) - Z_\beta\, i_{\beta B}(t - T_\beta))e^{-\alpha_\beta l} + \frac{1}{\sqrt{2}}(u_{0B}(t - T_0) - Z_0\, i_{0B}(t - T_0))e^{-\alpha_0 l}$$

$$(4.49)$$

$$u_{w2A} = \frac{1}{\sqrt{2}}(u_{\beta B}(t - T_\beta) - Z_\beta\, i_{\beta b}(t - T_\beta))e^{-\alpha_\beta l} - \frac{1}{\sqrt{2}}(u_{0B}(t - T_0) - Z_0\, i_{0B}(t - T_0))e^{-\alpha_0 l}$$

$$(4.50)$$

Die Berechnung der Wellenspannungen ist jedoch zweckmäßiger vorzunehmen, wenn die Eingangsgrößen der Mehrfachleitung herangezogen werden. Über die inverse lineare Transformation werden daher Ströme und Spannungen der beiden Einfachleitungen auf die Eingangsgrößen der Mehrfachleitung abgebildet. Es gelten mit

$$\underline{W}^{-1} = \frac{1}{\sqrt{2}} \left(\begin{array}{cc} 1 & 1 \\ 1 & -1 \end{array} \right)$$

die folgenden Transformationsgleichungen

$$\underline{u}_{\beta 0 B} = \underline{W}^{-1}\, \underline{u}_B \tag{4.51}$$

$$\underline{i}_{\beta 0 B} = \underline{W}^{-1}\, \underline{i}_B\,, \tag{4.52}$$

so daß sich schließlich die Wellenspannungen wie folgt ergeben:

$$u_{w1A} = \frac{1}{2}[u_{1B}(t - T_\beta) + u_{2B}(t - T_\beta) - Z_\beta(i_{1B}(t - T_\beta) + i_{2B}(t - T_\beta)]e^{-\alpha_\beta l}$$
$$+ \frac{1}{2}[u_{1B}(t - T_0) - u_{2B}(t - T_0) - Z_0(i_{1B}(t - T_0) - i_{2B}(t - T_0)]e^{-\alpha_0 l} \tag{4.53}$$

$$u_{w2A} = \frac{1}{2}[u_{1B}(t - T_\beta) + u_{2B}(t - T_\beta) - Z_\beta(i_{1B}(t - T_\beta) + i_{2B}(t - T_\beta)]e^{-\alpha_\beta l}$$
$$- \frac{1}{2}[u_{1B}(t - T_0) - u_{2B}(t - T_0) - Z_0(i_{1B}(t - T_0) - i_{2B}(t - T_0)]e^{-\alpha_0 l} \tag{4.54}$$

Diese beiden Gleichungen stellen für die im Simulationsprogramm zu implementierenden Berechnungen einen wesentlichen Zusammenhang dar. Die beiden Wellenspannungen eines Leitungsendes ergeben sich demnach aus den Spannungs- und Stromwerten am anderen Leitungsende vor Ablauf der jeweiligen Laufzeiten der Einfachleitungen. Die Laufzeit- und Dämpfungseigenschaften der Leitung werden mit einer für die meisten Anwendungen hinreichenden Güte erfaßt.

Leitungsnachbildung durch Faltungsverfahren

Um die Verzerrungen auf der Leitung in das Modell miteinzubeziehen, sollen charakteristische Antwortfunktionen für die Berechnungen herangezogen werden. Unter der Voraussetzung, daß es sich um lineare Systeme handelt, lassen sich die interessierenden Ausgleichsvorgänge unter Anwendung des Faltungsverfahrens ermitteln.

Durch Messungen an der Leitung können z. B. die Sprung- oder die Impulsantwort direkt erfaßt werden. Häufig liegen jedoch nur aus der Praxis bekannte Leitungskennwerte vor, aus denen aber die Antwortfunktionen über eine Rechnung im Bildbereich abgeleitet werden können. Als Beispiel dafür werden in Tabelle 4.1 Leitungsbeläge in Abhängigkeit von der Frequenz angegeben.

Frequenz	1 Hz	10 Hz	100 Hz	1 kHz	10 kHz	100 kHz	1 MHz
r'_β $[\Omega/km]$	0,012	0,013	0,018	0,042	0,15	0,6	2,5
l'_β $[mH/km]$	0,86	0,86	0,86	0,86	0,86	0,86	0,86
c'_β $[nF/km]$	13,6	13,6	13,6	13,6	13,6	13,6	13,6
r'_0 $[\Omega/km]$	0,012	0,025	0,22	2,1	14,0	94,0	164,0
l'_0 $[mH/km]$	2,7	2,63	2,12	1,72	1,37	1,23	1,18
c'_0 $[nF/km]$	10,0	10,0	10,0	10,0	10,0	10,0	10,0

Tabelle 4.1: Leitungsbeläge

Durch eine Interpolation der Meßwerte läßt sich zunächst der Verlauf von Dämpfungs- und Phasenmaß über der Frequenz angeben. Unter Anwendung des Fourierschen Umkehrintegrals folgt dann die Impulsantwort der Leitung im Zeitbereich. Es gilt:

$$g(t) = \frac{1s}{2\pi} \int_{-\infty}^{+\infty} e^{-\gamma(\omega)l} e^{j\omega t}\, d\omega \qquad (4.55)$$

Nach Umschreiben von

$$F(\omega) = e^{-\gamma(\omega)l} \qquad (4.56)$$

mit Hilfe von Gleichung 4.16 in

$$F(\omega) = A(\omega)e^{-jb(\omega)} , \tag{4.57}$$

wobei gilt

$$A(\omega) = e^{-\alpha(\omega)l} \tag{4.58}$$

sowie

$$b(\omega) = \beta(\omega)l , \tag{4.59}$$

folgt für die Impulsantwort:

$$g(t) = \frac{1s}{2\pi} \int_{-\infty}^{+\infty} A(\omega)e^{j(\omega t - \beta(\omega))} \, d\omega . \tag{4.60}$$

Untersuchungen mit verschiedenen Parametersätzen zeigten, daß die Berechnung der Sprungantwort insgesamt günstigere numerische Eigenschaften aufweist. Insbesondere konvergiert der Integrand bei der Berechnung der Sprungantwort wesentlich schneller. Die Sprungantwort der Leitung läßt sich wie folgt angeben:

$$w(t) = \frac{1}{2\pi} \int_{-\infty}^{\infty} \frac{1}{j\omega} A(\omega)e^{j(\omega t - b(\omega))} \, d\omega \tag{4.61}$$

Für das weitere Vorgehen ist dann die folgende Zerlegung hilfreich:

$$\begin{aligned}
\frac{1}{j\omega} A(\omega)e^{j(\omega t - b(\omega))} &= \frac{A(\omega)}{\omega} sin\,(b(\omega)) - j\frac{A(\omega)}{\omega} cos\,(b(\omega)) \\
&= R(\omega) - jX(\omega)
\end{aligned} \tag{4.62}$$

Nach [Hölzler et al. 1957] stellt bei realisierbaren Netzwerken $A(\omega)$ eine gerade und $b(\omega)$ eine ungerade Funktion dar

$$A(\omega) = A(-\omega) \tag{4.63}$$

$$b(\omega) = -b(-\omega) , \tag{4.64}$$

so daß das Integral auch in reller Form geschrieben werden kann:

$$w(t) = \frac{1}{\pi} \int_0^\infty \frac{A(\omega)}{\omega} sin\left(\omega t - b(\omega)\right) d\omega \tag{4.65}$$

Durch Anwendung eines Additionstheorems und der Zerlegung nach Gleichung 4.62 folgt anschließend:

$$w(t) = \frac{1}{\pi} \left[\int_0^\infty X(\omega) sin\left(\omega t\right) d\omega + \int_0^\infty R(\omega) cos\left(\omega t\right) d\omega \right] \tag{4.66}$$

Ein- und Ausgang eines realisierbaren Netzwerkes stehen in kausalem Zusammenhang, so daß bezüglich des Verlaufs der Sprungantwort für $t < 0$ gilt:

$$\omega(t) = 0$$

Die beiden Summanden in Gleichung 4.66 müssen dann für $t < 0$ gerade entgegengesetzt gleich sein. Ferner läßt sich zeigen, daß $R(\omega)$ eine gerade und $X(\omega)$ eine ungerade Funktion ist:

$$\begin{aligned} R(\omega) &= -\frac{A(\omega)}{\omega} sin\left(b(\omega)\right) \\ &= -\frac{A(\omega)}{-\omega} sin\left(-b(\omega)\right) \\ &= -\frac{A(-\omega)}{-\omega} sin\left(b(-\omega)\right) \\ &= R(-\omega) \end{aligned}$$

$$\begin{aligned} X(\omega) &= \frac{A(\omega)}{\omega} cos\left(b(\omega)\right) \\ &= \frac{A(\omega)}{\omega} cos\left(-b(\omega)\right) \\ &= \frac{A(-\omega)}{\omega} cos\left(b(-\omega)\right) \\ &= -X(-\omega) \end{aligned}$$

Auf Grund dieser Symmetriebeziehungen sind die beiden Summanden in Gleichung 4.66 dann auch für positive t gleich groß und die Sprungantwort kann als

$$w(t) = \frac{2}{\pi} \int_0^\infty \frac{A(\omega)}{\omega} cos\left(b(\omega)\right) sin\left(\omega t\right) d\omega \tag{4.67}$$

geschrieben werden.

Die Näherung für den Grenzwert bei $\omega = 0$ lautet dabei:

$$lim_{\omega \to \infty} \frac{sin\,(\omega t)}{\omega} = t$$

Dieses Integral wird mit der Simpson-Formel, einem numerischen Quadraturverfahren, bei einer Schrittweite von $\Delta\omega = 10$ Hz berechnet, wobei sich die obere Grenze des Integrals wegen der begrenzten Verfügbarkeit der Leitungsparameter zu 1 MHz ergibt. In einem genau der Schrittweite bei der späteren numerischen Integration des Differentialgleichungssystem entsprechenden Abstand Δt werden die einzelnen Funktionswerte der Sprungantwort berechnet, aus denen sich dann durch direkte Differentiation nach der Zeit die zugehörige diskrete Impulsantwort berechnen läßt. Die auf diese Weise berechneten Verläufe der Sprung- und Impulsantworten des 0- und des β-Systems zeigen die Bilder 4.6 und 4.7.

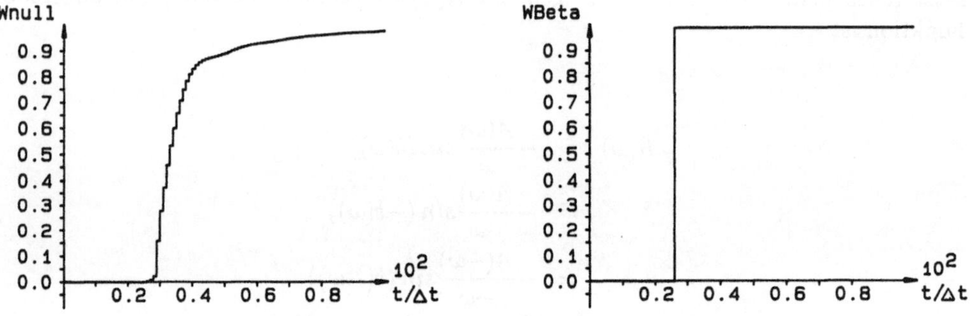

Bild 4.6: Sprungantworten des 0− und des β-Systems

Die in Form einer endlichen Anzahl von Koeffizienten vorliegenden Impulsantworten der beiden Einfachleitungen eignen sich nun unmittelbar für die Berechnung des Leitungsverhalten über Faltungssummen.

Bezüglich des Klemmenverhaltens einer Leitung läßt sich das bekannte Wellenersatzschaltbild angeben, in dem die Leitung durch eine Spannungsquelle mit Innenwiderstand, der dem Wellenwiderstand der Leitung entspricht, nachgebildet wird. Die Wellenspannung ergibt sich dann mit Hilfe des Faltungsintegrals zu

$$u_w(t) = 2 \int_0^t u_r(t - \tau)\, g(\tau)\, d\tau \tag{4.68}$$

Bei der Wahl der Indizes wurde vorausgesetzt, daß der Bezugspunkt am gleichen Ende wie die berechnete Wellenspannung liegt.

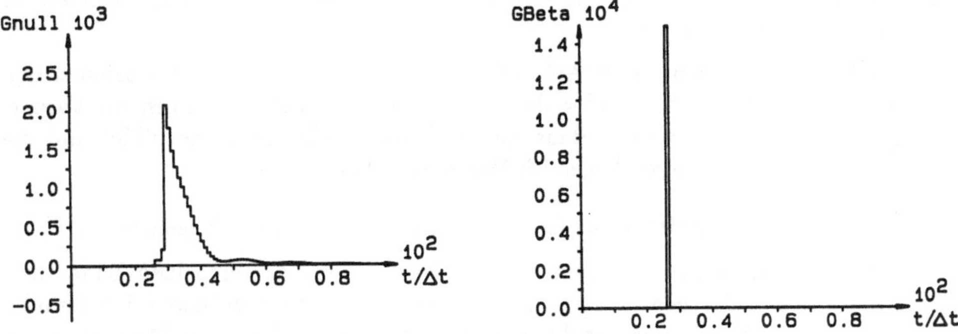

Bild 4.7: Impulsantworten des 0− und des β-Systems

In diskreter Form stellen sich die Gleichungen der Wellenspannungen an den Leitungsenden einer Einfachleitung folgendermaßen dar:

$$u_{wA}(i) = 2 \sum_{k=0}^{i} u_r(i-k)\,g(k)\,\Delta\tau \tag{4.69}$$

$$u_{wB}(i) = 2 \sum_{k=0}^{i} u_h(i-k)\,g(k)\,\Delta\tau \tag{4.70}$$

Mit Hilfe dieser Formeln lassen sich die Wellenspannungen u_{w0A}, u_{w0B}, $u_{w\beta A}$ und $u_{w\beta B}$ ermitteln, aus denen sich dann über die lineare Transformation wieder die Wellenspannungen der Mehrfachleitung u_{w1A}, u_{w1B}, u_{w2A} und u_{w2B} ergeben.

4.2.2 Nachbildung von Stromrichterschaltungen

Die Modellbildung einer Stromrichterschaltung ist abhängig von der Frequenz der zu untersuchenden Ausgleichsvorgänge. Die in der Vergangenheit angewandten Methoden zur Beschreibung des Verhaltens von Stromrichterschaltungen lassen sich in grober Näherung wie folgt einteilen [Schnieder 1978]:

1. Beschreibung der elektrischen und elektronischen Vorgänge in den Schaltungen bzw. den Ventilen [Povh 1971].

   Zur Nachbildung der Ventile sind hierfür in der Regel deren kapazitive Ersatzschaltbilder heranzuziehen. Die Simulation entsprechend hochfrequenter Ausgleichsvorgänge geschieht dann mit Integrationsschrittweiten, die kleiner als 100 ns werden können.

2. Beschreibung des elektrischen Verhaltens in der Schaltung bei unterschiedlicher Speisung und Belastung.

   Bei Modellbildungen dieser Art stehen Fragen der Schaltungsdimensionierung, der Ventilbeanspruchung oder der Netz- bzw. Lastrückwirkungen im Vordergrund. Die Ventile werden dann gewöhnlich als Schalter nachgebildet und die Integrationsschrittweiten liegen im Mikrosekundenbereich.

3. Vereinfachte Beschreibung als laufzeitbehaftetes Stellglied in Regelkreisen.

   Für solche Betrachtungen kann auf die Nachbildung der einzelnen Zünd- und Löschvorgänge der Ventile verzichtet werden. Anwendungsbeispiele sind Simulationen zur Untersuchung der dynamischen Stabilität elektrischer Maschinen, die mit der Stromrichterschaltung verbunden sind. Die verwendeten Integrationsschrittweiten können dann größer als 100 ms werden.

Für den Fall der hier vorliegenden Echtzeitsimulationen ist die Modellierung der einzelnen Zünd- und Löschvorgänge erforderlich, da die Frequenz der zu untersuchenden Ausgleichsvorgänge im Kilohertz-Bereich liegen soll. Allgemein läßt sich eine Einteilung der zur Verfügung stehenden mathematischen Modelle zur digitalen Simulation von Stromrichterschaltungen in wiederum drei Gruppen angeben:

1. Beschreibung der einzelnen Zustände einer Stromrichterschaltung durch abschnittsweise gültige Differentialgleichungssysteme.

   Hierfür ist eine recht aufwendige Modellbildung durch individuelle Analyse und Programmierung jedes einzelnen Schaltzustandes erforderlich. Zudem muß die Bestimmung des Folgezustandes durch eine Auswahllogik erfolgen.

2. Beschreibung durch zyklisches Vertauschen.

   Bei dieser Methode ist der Modellbildungsaufwand durch Berücksichtigung gleichartiger Schaltzustände deutlich reduziert. Bei Annahme regulärer Bedingungen (Einfachkommutierungen) ergibt sich ein bekannter, sich regelmäßig wiederholender Schaltablauf.

3. Beschreibung durch Netzwerke mit veränderlichen Parametern.

   Diese Methode ist für eine universelle Behandlung von Stromrichterschaltungen geeignet [Eisenack et al. 1972, Arremann 1977]. Allerdings bedeutet sie einen relativ hohen Berechnungsaufwand.

4.2.3 Modell der Stromrichterstation

Die Modellbildung der Stromrichterstation soll in Anbetracht der im Kilohertz-Bereich liegenden Frequenzen der zu untersuchenden Ausgleichsvorgänge von der Nachbildung

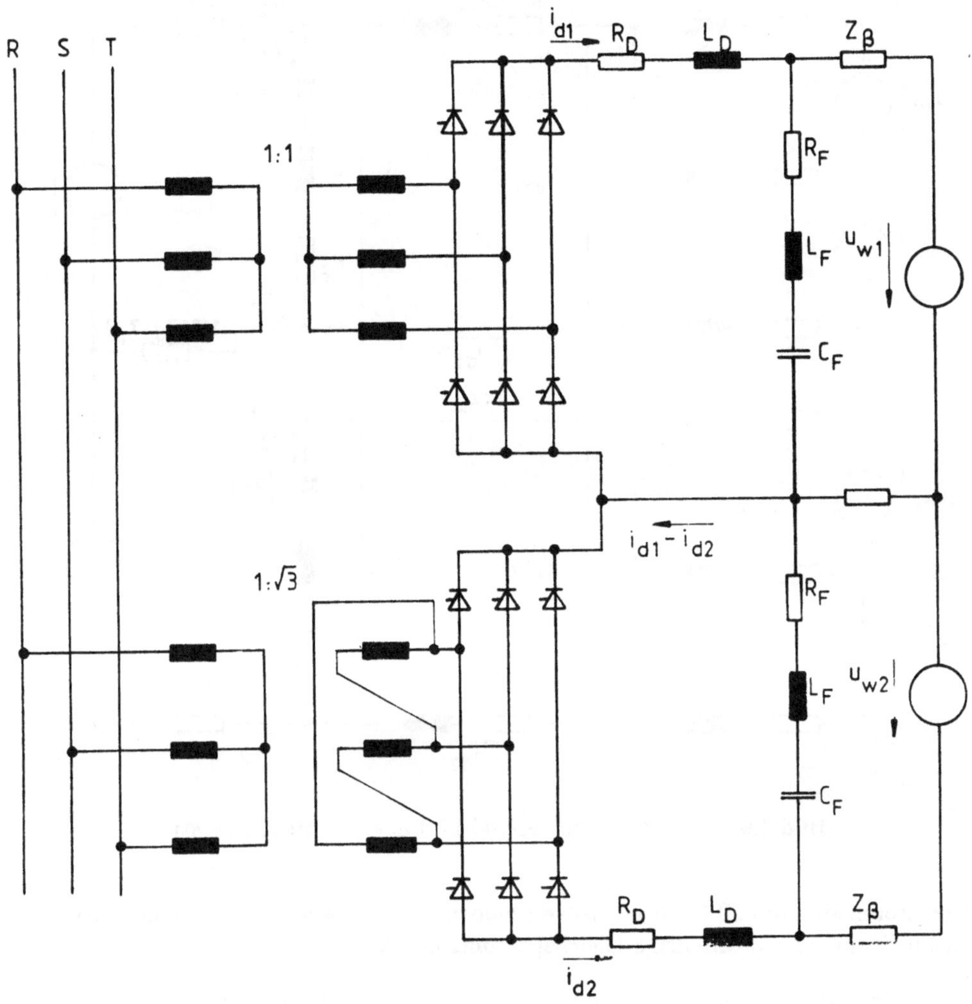

Bild 4.8: Stromrichterstation mit zwei Drehstrombrücken und angeschlossenem Leitungsersatzschaltbild

der Ventile als einfache Schalter ausgehen. Die Ventile werden dabei als idealisiert angenommen, d. h. sie haben im leitenden Zustand den Widerstandswert Null und in Sperrichtung sowie bei steuerbaren Ventilen sofort nach beendeter Stromführung auch in Durchlaßrichtung einen unendlich großen Widerstand.

Jede Stromrichterstation besteht aus zwei in Reihe geschalteten sechspulsigen Drehstrombrückenschaltungen. Bild 4.8 zeigt die Schaltung einer Stromrichterstation mit dem angeschlossenen Ersatzschaltbild der Gleichstromleitung. Die Stromrichtertrans-

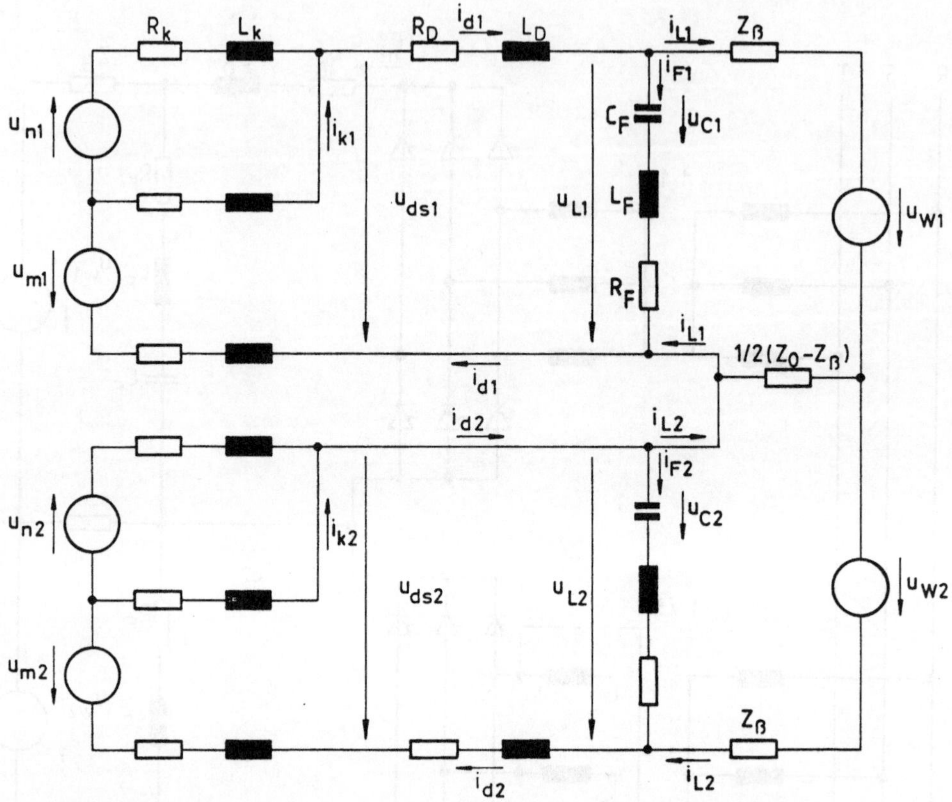

Bild 4.9: Zyklisches Ersatzschaltbild der Stromrichterstation

formatoren sind um 30 Grad phasenverschoben, so daß zwischen den Polen der Gleichstromleitung eine zwölfpulsige Gleichspannung entsteht.

Diese Brücken sind über Glättungsdrosseln mit der Leitung verbunden. Unter der
Annahme von Einfachkommutierungen läßt sich dann für jede Station ein zyklisches
Ersatzschaltbild (Bild 4.9) angeben.

Die eingeprägten Spannungen hängen dabei von den Schaltzuständen und Zündungen
der Ventile beider Brücken ab. Da es sich um zwei Stromrichterbrücken handelt, die
jede für sich die Zustände "Kommutierung" oder "keine Kommutierung" annehmen
können, ergeben sich insgesamt vier verschiedene Betriebszustände. Für jeden Zustand
gilt dabei ein eigenes Differentialgleichungssystem. Da im Zustand "keine Kommutierung" je Stromrichterbrücke ein unabhängiger Energiespeicher entfällt, sind zudem die
Ordnungen der Dgl-Systeme verschieden und man erhält ein System 6. Ordnung, zwei
Systeme 7. Ordnung und ein System 8. Ordnung. Die diskontinuierliche Arbeitsweise
der Stromrichter findet ihren Niederschlag in der nur abschnittsweisen Gültigkeit der
einzelnen Dgl-Systeme. Jeder Zünd- oder Löschvorgang eines Ventils bewirkt einen

Zustandswechsel und den Übergang auf ein anderes Dgl-System.

Für den Fall der Einfachkommutierung lauten die Differentialgleichungen mit den Abkürzungen

$$Z_a = \frac{1}{2}(Z_0 + Z_\beta) \tag{4.71}$$

$$Z_b = \frac{1}{2}(Z_0 - Z_\beta) \tag{4.72}$$

wie folgt:

$$(L_k + L_D)\frac{d\,i_{d1}}{dt} + L_k\frac{d\,i_{k1}}{dt} + (R_k + R_D + Z_a)i_{d1} + R_k i_{k1} - Z_b i_{d2} - Z_a i_{f1} + Z_b i_{f2} = u_{m1} - u_{w1} \tag{4.73}$$

$$(L_k + L_D)\frac{d\,i_{d2}}{dt} + L_k\frac{d\,i_{k2}}{dt} - Z_b i_{d1} + (R_k + R_D + Z_a)i_{d2} + R_k i_{k2} + Z_b i_{f1} - Z_a i_{f2} = u_{m2} - u_{w2} \tag{4.74}$$

$$- L_k\frac{d\,i_{d1}}{dt} + 2L_k\frac{d\,i_{k1}}{dt} - R_k i_{d1} + 2R_k i_{k1} = u_{n1} \tag{4.75}$$

$$- L_k\frac{d\,i_{d2}}{dt} + 2L_k\frac{d\,i_{k2}}{dt} - R_k i_{d2} + 2R_k i_{k2} = u_{n2} \tag{4.76}$$

$$L_F\frac{d\,i_{f1}}{dt} - Z_a i_{d1} + Z_b i_{d2} + (R_F + Z_a)i_{f1} - Z_b i_{f2} + u_{c1} = u_{w1} \tag{4.77}$$

$$L_F\frac{d\,i_{f2}}{dt} + Z_b i_{d1} - Z_a i_{d2} - Z_b i_{f1} + (R_F + Z_a)i_{f2} + u_{c2} = u_{w2} \tag{4.78}$$

$$C_F\frac{d\,u_{c1}}{dt} - i_{f1} = 0 \tag{4.79}$$

$$C_F\frac{d\,u_{c2}}{dt} - i_{f2} = 0 \tag{4.80}$$

Um aus den Gleichungen 4.79 und 4.80 Spannungsgleichungen zu erhalten, werden diese mit dem Faktor $\sqrt{\frac{L_F}{C_F}}$ normiert.

Für die Fälle, daß in der oberen oder in der unteren Brücke keine Kommutierungen auftreten, entfallen die Gleichungen 4.75 und 4.76 und anstelle von Gleichung 4.73 und 4.74 gelten die folgenden Differentialgleichungen:

$$(2L_k + L_D)\frac{d\,i_{d1}}{d\,t} + (2R_k + R_D + Z_a)i_{d1} - Z_b i_{d2} - Z_a i_{f1} + Z_b i_{f2} = u_{m1} - u_{w1} \quad (4.81)$$

$$(2L_k + L_D)\frac{d\,i_{d2}}{d\,t} - Z_b i_{d1} + (2R_k + R_D + Z_a)i_{d2} + Z_b i_{f1} - Z_a i_{f2} = u_{m2} - u_{w2} \quad (4.82)$$

In Matrizenschreibweise lassen sich die Gleichungen in übersichtlicherer Weise zusammenfassen:

$$\underline{L}\frac{d\underline{i}}{d\,t} + \underline{R}\,\underline{i} = \underline{K}\,\underline{u} \qquad (4.83)$$

In dieser Gleichung ist $\underline{u}$ der Vektor der anregenden Spannungen und $\underline{i}$ der Vektor der Zustandsgrößen, der neben den sechs Strömen auch zwei Spannungen enthält:

$$\underline{u}^T = (u_{m1}, u_{m2}, u_{n1}, u_{n2}, u_{w1}, u_{w2})$$

$$\underline{i}^T = (i_{d1}, i_{k1}, i_{d2}, i_{k2}, i_{f1}, i_{f2}, u_{c1}, u_{c2})$$

Für die Anwendung eines numerischen Integrationsverfahrens ist schließlich noch die Normalform der Differentialgleichung zweckmäßig. Durch Inversion der Matrix $\underline{L}$ erhält man:

$$\frac{d\underline{i}}{d\,t} = -\underline{L}^{-1}\underline{R}\,\underline{i} + \underline{L}^{-1}\underline{K}\,\underline{u} \qquad (4.84)$$

Diese Gleichung repräsentiert die Gleichungssysteme für die bei Annahme von Einfachkommutierungen auftretenden vier Zustände einer Stromrichterstation. Die Daten der Matrizen befinden sich in Anhang A.

Die Modellbeschreibung der HGÜ-Station erfogt damit durch abschnittsweise gültige und in der Ordnung verschiedene Systeme von gewöhnlichen Differentialgleichungen.

Abhängig von den Schaltzuständen der Ventile in beiden Brücken werden die eingeprägten Spannungen u_m und u_n aus den Netzspannungen gebildet. Tabelle 4.2 gibt das entsprechende Schema an.

Zur Berechnung der treibenden Spannung werden die Netzspannungen $e_{R,S,T}$ und nicht die Spannungen an der Sammelschiene $u_{R,S,T}$ herangezogen. Diese Vereinfachung darf benutzt werden, da die Ströme in den angeschlossenen Drehstromnetzen Linearkombinationen der jeweiligen Ventilströme sind, die im Vektor der Zustandsgrößen berücksichtigt sind. Die Einbeziehung der Netzinnenimpedanzen bedeutet damit keine Erweiterung des Zustandsvektors. Die für die jeweiligen Kommutierungszustände gültigen Matrizen $\underline{L}$ und $\underline{R}$ sind lediglich um die Werte der Netzinnenimpedanz zu ergänzen. Für die Berechnung der Matrizen ist dabei die Differenz der Phasenzahlen $p_1 - p_2$ von Bedeutung, so daß sich für jeden der vier Zustände jeweils sechs Matrizengruppen ergeben [Reichow 1990].

Als Folge der diskontinuierlichen Anregung durch die Stromrichter und wegen der Wanderwellen auf der Leitung enthalten die Leitungsspannungen starke Wechselanteile. Diese können durch Filter gedämpft werden, die an den Leitungsenden installiert sind. Daher befindet sich zwischen jedem Leitungspol und dem Mittelpunkt ein auf 300 Hz abgestimmter Saugkreis.

Brennende	Komm.	3,5,1	5,1,6	1,6,2	6,2,4	2,4,3	4,3,5
Ventile	keine K.	5,1	1,6	6,2	2,4	4,3	3,5
Spannungen	u_{m1}	$e_R - e_S$	$e_R - e_T$	$e_S - e_T$	$e_S - e_R$	$e_T - e_R$	$e_T - e_S$
Y - Y	u_{n1}	$e_R - e_T$	$e_S - e_T$	$e_S - e_R$	$e_T - e_R$	$e_T - e_S$	$e_R - e_S$
Spannungen	u_{m2}	$\sqrt{3}e_R$	$-\sqrt{3}e_T$	$\sqrt{3}e_S$	$-\sqrt{3}e_R$	$\sqrt{3}e_T$	$-\sqrt{3}e_S$
Y - Δ	u_{n2}	$-\sqrt{3}e_T$	$\sqrt{3}e_S$	$-\sqrt{3}e_R$	$\sqrt{3}e_T$	$-\sqrt{3}e_S$	$\sqrt{3}e_R$
Phasenzahlen p_1,p_2		1	2	3	4	5	6

Phasenzahlen p_1	1	2	3	4	5	6

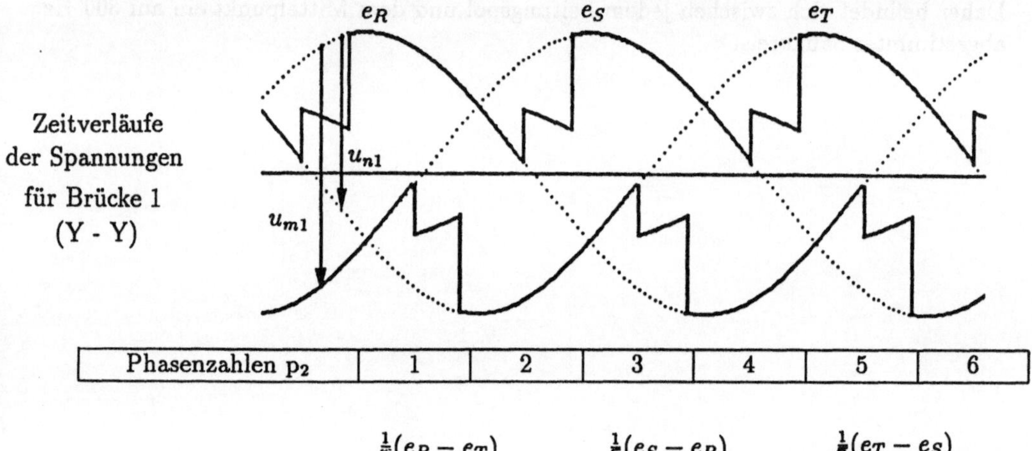

Zeitverläufe
der Spannungen
für Brücke 1
(Y - Y)

Phasenzahlen p_2	1	2	3	4	5	6

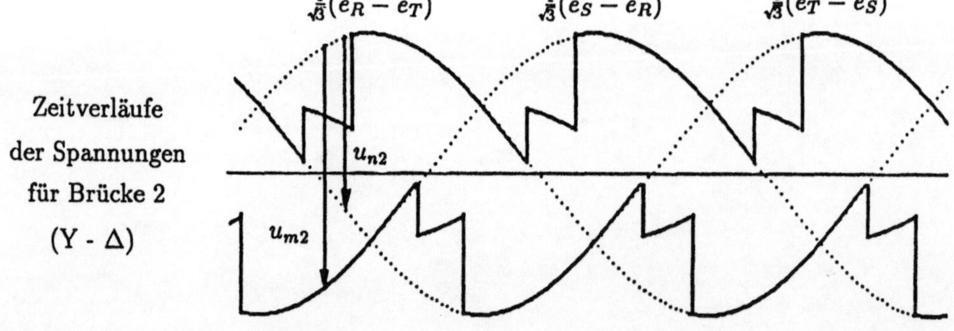

Zeitverläufe
der Spannungen
für Brücke 2
(Y - Δ)

Tabelle 4.2: Berechnung der treibenden Spannungen

4.2.4 Regeleinrichtungen

Für die Untersuchungen an der Fernübertragung wurde die Implementierung einer eigenen Regelung vorgesehen. In jeder Station sind dabei drei Regler vorhanden. Die Regeleinrichtungen lassen sich leicht über die bekannten Übertragungsfunktionen nachbilden.

In der Gleichrichterstation arbeitet für jede Brücke ein Stromregler mit PI-Verhalten, dessen Stellgröße der Zündwinkel α für die jeweilige Brücke ist. Beiden Stromreglern ist ein Zündwinkelregler mit integralem Verhalten überlagert, der auf das Übersetzungsverhältnis des Stromrichtertransformators einwirkt. Der vorgegebene Zündwinkel-Sollwert stellt dabei einen Kompromiß zwischen der noch vorhandenen Regelreserve und der Blindleistungsaufnahme des Stromrichters dar. Bild 4.10 zeigt die Regeleinrichtungen der Gleichrichterstation.

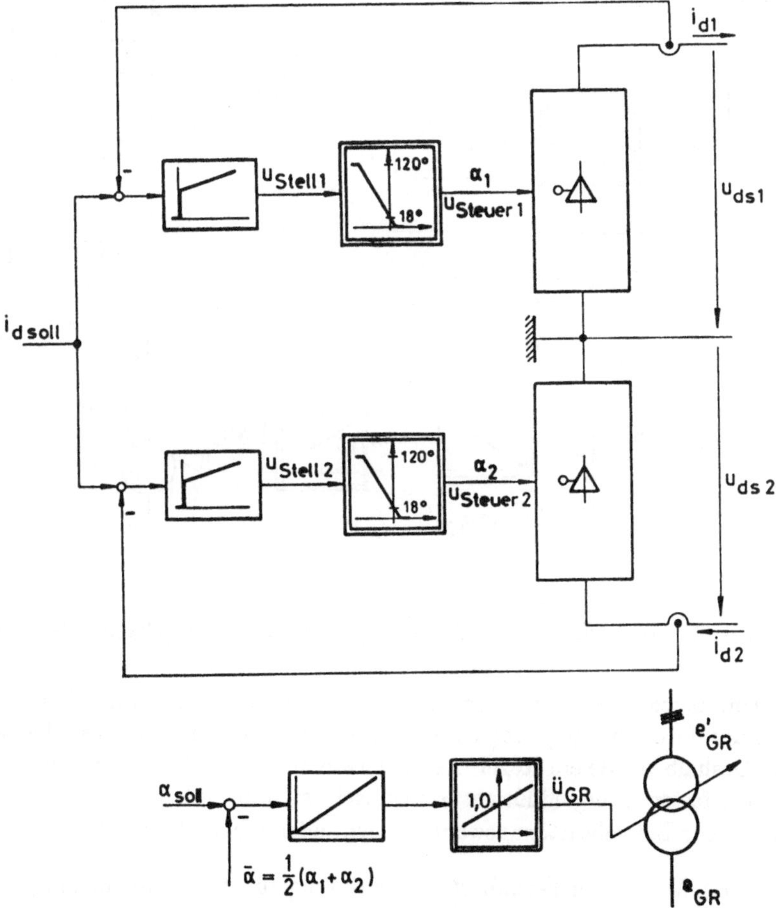

Bild 4.10: Strom- und Zündwinkelregelung der Gleichrichterstation

In der Wechselrichterstation wird der Löschwinkel jeder Brücke gemessen und von zwei Löschwinkelreglern mit PI-Verhalten auf einem vorgegebenen Sollwert gehalten. Übergeordnet ist wie auf der Gleichrichterseite ein Regler mit integralem Verhalten (Bild 4.11), der über das Übersetzungsverhältnis des Stromrichtertransformators die Gleichspannung regelt.

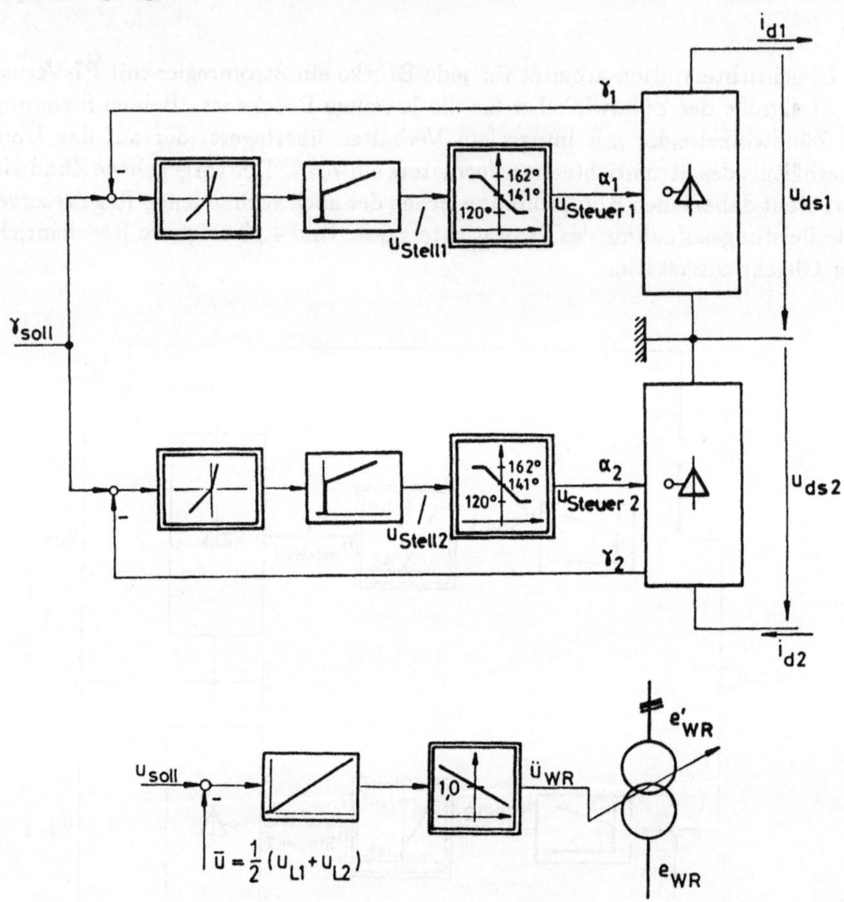

Bild 4.11: Löschwinkel- und Spannungsregelung der Wechselrichterstation

Für die Untersuchungen zur Durchführbarkeit der digitalen Echtzeitsimulation der HGÜ war der durch die Regelung zusätzlich entstehende Berechnungsaufwand von Bedeutung. Deshalb wurde ein Regelschema verwendet, wie es für Fernübertragungen mit in der Regel fester Energieflußrichtung typisch ist, und auf die Implementierung der Schaltungen zur Betriebsartenauswahl (Gleich- oder Wechselrichterbetrieb) verzichtet.

Die mit diesem Modell der Fernübertragung durchgeführten Untersuchungen werden in Kapitel 5 vorgestellt.

4.3 Modell der Kurzkupplung

Um den Vergleich der Simulationsgüte einer digitalen Nachbildung mit der einer analogen Nachbildung durchführen zu können, wurde das Modell einer einpoligen HGÜ entwickelt, die als sogenannte Kurzkupplung für die Kopplung asynchroner Netze eingesetzt wird. Eine analoge Nachbildung befindet sich in Form eines elektronischen Modells bei der Siemens AG in Erlangen und stand für vergleichende Messungen zur Verfügung.

In einer HGÜ-Kurzkupplung (Bild 4.12) befinden sich wieder in jeder Station zwei Drehstrom-Brücken in einer Serienschaltung, jedoch wird ein Pol geerdet, so daß eine einpolige Übertragung vorliegt. Damit entsteht natürlich ein eigenes Modell mit einem eigenen Satz von Zustandsgrößen. Wie in diesem Kapitel noch erläutert wird, sind die beiden Stationen nicht unmittelbar miteinander verbunden, sondern über eine "kurze Leitung" gekoppelt. Vorbild des Modells ist die ausgeführte Anlage der Gleichstromkopplung Dürnrohr in Österreich, die 1983 in Betrieb ging.

Das Modell der Stromrichterstation wird in gleicher Weise wie bei der HGÜ-Fernübertragung gebildet. Bild 4.13 zeigt das entsprechende zyklische Ersatzschaltbild einer Stromrichterstation.

Die Gleichungen für die vier von den Kommutierungszuständen in beiden Brückenschaltungen abhängenden Differentialgleichungssysteme lassen sich wieder übersichtlich in der Matrizenschreibweise darstellen:

$$\underline{L}\frac{d\underline{i}}{dt} + \underline{R}\,\underline{i} = \underline{K}\,\underline{u} \qquad (4.85)$$

$\underline{u}$ beschreibt den Vektor der anregenden Spannungen und $\underline{i}$ den Vektor der Zustandsgrößen. Im Falle der Kommutierung in beiden Brücken liegt die maximale Ordnung des Systems vor und es gilt:

$$\underline{u}^T = (u_{n1}, u_{n2}, u_{m1}, u_{m2}, u_w)$$

$$\underline{i}^T = (i_{d1}, i_{k1}, i_{k2}, i_f, u_c)$$

Liegt in einer Brücke keine Kommutierung vor, so verschwindet im Ersatzschaltbild der entsprechende Zweig, der Zustandsvektor wird um den zugehörigen Kommutierungsstrom reduziert und im Anregungsvektor verschwindet die Komponente der entsprechenden anregenden Spannung. Die Matrizen der Differentialgleichungssysteme zur Beschreibung der Kurzkupplung befinden sich im Anhang B.

Um auch bei der hier vorliegenden Kurzkupplung die beiden Stromrichterstationen voneinander entkoppeln zu können, wird die "kurze Leitung" eingeführt. Mit dieser An-

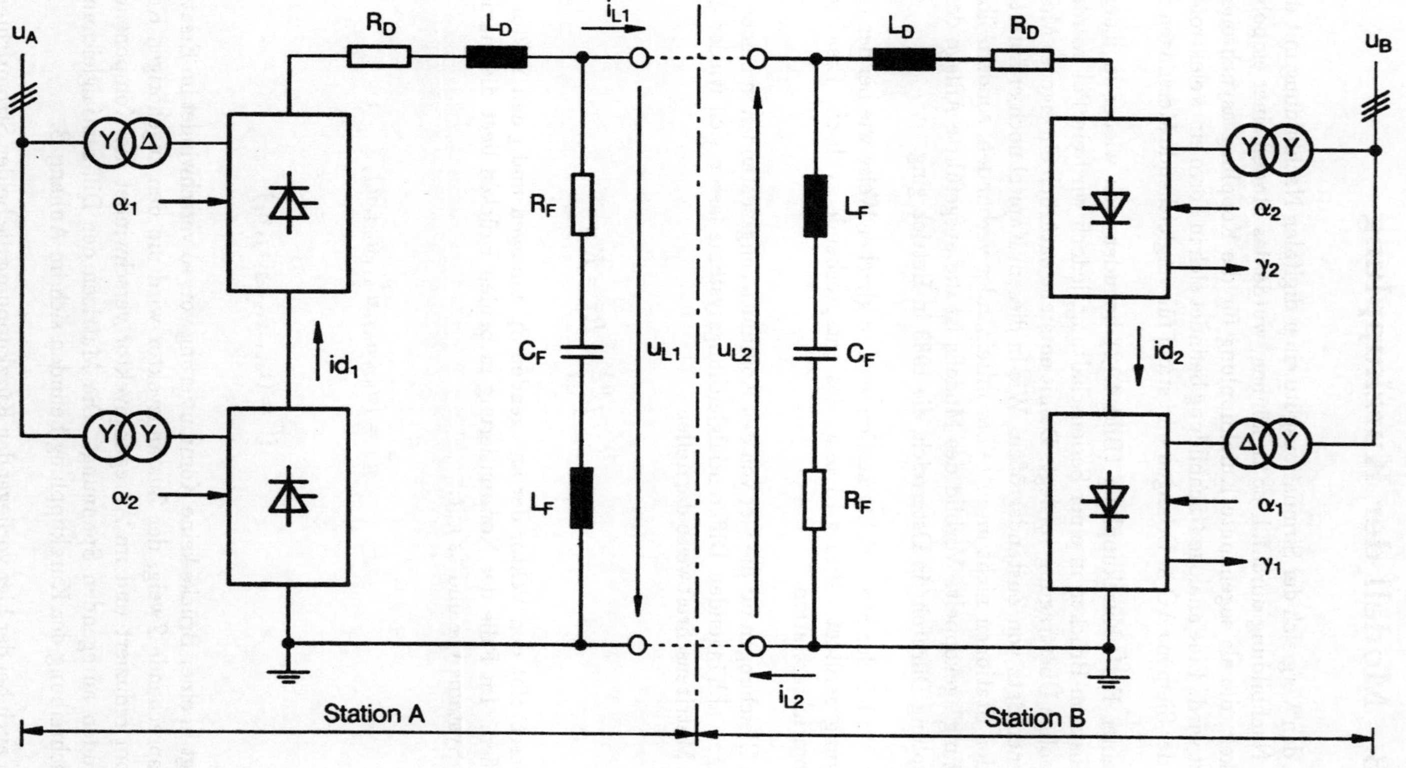

Bild 4.12: Ersatzschaltbild der Kurzkupplung

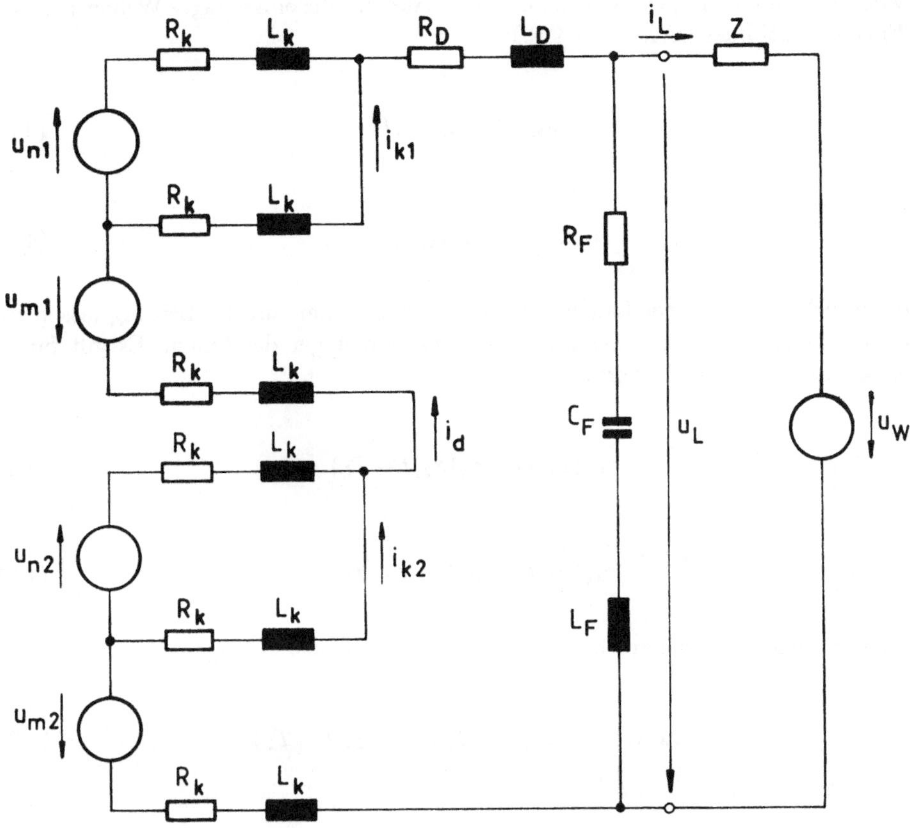

Bild 4.13: Zyklisches Ersatzschaltbild der Stromrichterstation

nahme wird die Aufstellung eines beide Stationen umfassenden Gesamtdifferentialglei-chungssystems und der daraus resultierende erhöhte Berechnungsaufwand vermieden (gegenüber zwei wären nun vier Zustandsänderungen pro Integrationsschritt möglich gewesen). Stattdessen erhält man wie bei der Fernübertragung zwei identische Modelle der beiden Stromrichterstationen.

Werden die Ortskoordinaten der mit den beiden Stationen verbundenen Leitungsenden mit x_1 und x_2 bezeichnet, so lauten die bekannten Formeln für die Klemmenersatz-schaltungen der einpoligen Leitung nach Bild 4.12 wie folgt:

$$u_{L1} = Z\,i_{L1} + 2\,u_r(x_1,t) \tag{4.86}$$

$$u_{L2} = Z\,i_{L2} - 2\,u_h(x_2,t) \tag{4.87}$$

Der zweite Summand in jeder Gleichung steht dabei für die eingeprägte Wellenspannung des Ersatzschaltbildes (siehe Bild 4.13):

$$u_{W1} = 2\,u_r(x_1, t) \tag{4.88}$$

$$u_{W2} = -2\,u_h(x_2, t) \tag{4.89}$$

Unter Berücksichtigung der Laufzeit T_L der Wanderwellen auf der Leitung lassen sich diese Beziehungen für die Berechnung noch zweckmäßiger darstellen. Es gilt für die kurze Leitung mit guter Näherung:

$$u_r(x_1, t) = u_r(x_2, t - T_L) \tag{4.90}$$

$$u_h(x_2, t) = u_h(x_1, t - T_L) \tag{4.91}$$

Nach einer kurzen Zwischenrechnung folgt für die Wellenspannungen dann:

$$u_{W1}(t) = -u_{L2}(t - T_L) - Z\,i_{L2}(t - T_L) \tag{4.92}$$

$$u_{W2}(t) = -u_{L1}(t - T_L) - Z\,i_{L1}(t - T_L) \tag{4.93}$$

Die Laufzeit T_L wird nun so gewählt, daß sie der Integrationsschrittweite entspricht. Die Berechnung der Wellenspannung kann dann aus den Werten des unmittelbar vorhergehenden Schrittes erfolgen.

Durch Einsetzen der Ausgangsbeziehungen erhält man schließlich zwei gekoppelte Rekursionsformeln zur Bestimmung der aktuellen Wellenspannungswerte:

$$u_{W1}(t_{n+1}) = -u_{W2}(t_n) - 2\,Z\,i_{L2}(t_n) \tag{4.94}$$

$$u_{W2}(t_{n+1}) = -u_{W1}(t_n) - 2\,Z\,i_{L1}(t_n) \tag{4.95}$$

Die Ableitung der Wellenspannungen erfolgt damit ohne die Berechnung von Hilfsgrößen direkt aus jeweils einer Zustandsgröße und dem vorhergehenden Wellenspannungswert des anderen Leitungsendes.

4.4 Bestimmung der Diskontinuitäten

Die digitale Simulation von Baugruppen aus dem Bereich der Leistungselektronik stellt wegen der diskontinuierlichen Arbeitsweise der Ventile besondere Anforderungen an die zu verwendenden Algorithmen. Die Zeitpunkte des Auftretens dieser durch Zünd- oder Löschvorgänge verursachten Diskontinuitäten werden in nicht an die Echtzeit gebundenen Programmen gewöhnlich durch Iteration oder durch Integration entgegen der Zeitrichtung mit geringerer Schrittweite bestimmt [Schnieder 1978, Sadek 1972]. Ein solches Vorgehen ist in Echtzeitsimulationsprogrammen nicht möglich, da wegen der zu erfüllenden Zeitbedingung im wesentlichen nur der für die Ausführung eines einfachen Integrationsschrittes erforderliche Berechnungsaufwand entstehen darf. Die Bestimmung der Schaltzeitpunkte kann daher nur näherungsweise erfolgen.

In jedem der beiden beschriebenen Modelle sind vier verschiedene Betriebszustände mit vier verschiedenen Dgl-Systemen definiert. Jeder Zünd- und Löschvorgang beendet den Gültigkeitsbereich eines Systems und definiert den Beginn eines anderen. In einem Intervall können bis zu zwei Zustandsänderungen gleichzeitig auftreten. Der zuletzt genannte Fall tritt auf, wenn sich die Zündwinkel gerade um 30° unterscheiden. Das Auftreten einer Zustandsänderung wird nach jeder Durchführung eines Integrationsschritts abgefragt. Dazu werden die entsprechenden Gleich- und Kommutierungsströme, die ja Zustandsgrößen sind, miteinander verglichen, und die Erfüllung der Zündbedingungen wird überprüft. In beiden Fällen läßt sich der Zeitpunkt der Diskontinuität durch lineare Interpolation bestimmen.

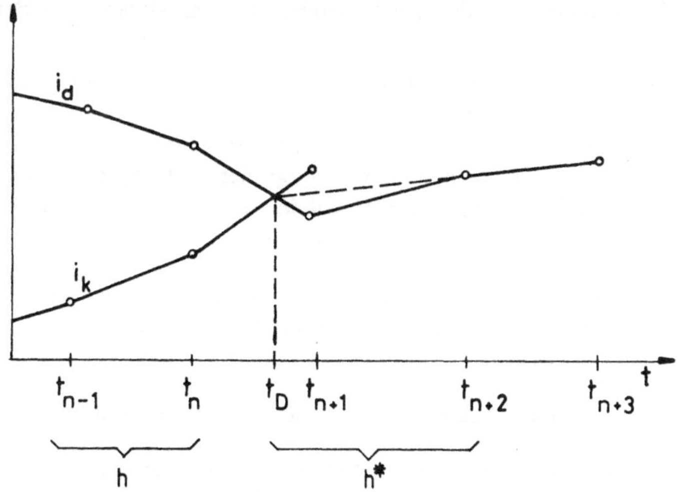

Bild 4.14: Bestimmung der Diskontinuitäten

Wie bereits erwähnt, ist es unter Echtzeitbedingungen im Gegensatz zur Offline-Simulation natürlich nicht möglich, sich mit einer verringerten Schrittweite zurückschreitend dem Änderungszeitpunkt zu nähern. Denn pro Integrationsschritt soll der gesamte In-

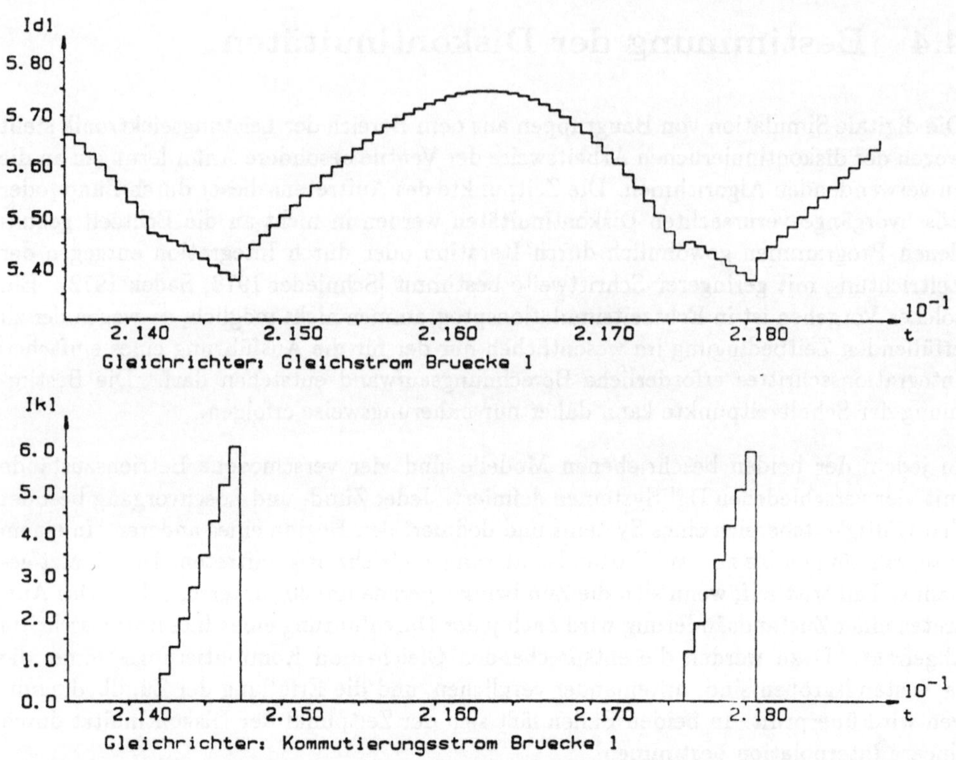

Bild 4.15: Verläufe von Gleich- und Kommutierungsstrom einer Brücke

tegrationsalgorithmus nur einmal durchlaufen werden. Nachdem der Schaltzeitpunkt durch lineare Interpolation bestimmt wurde, werden die Werte aller Zustands- und Anregungsgrößen zu diesem Zeitpunkt ebenfalls durch Interpolation ermittelt. Mit dem neuen Differentialgleichungssystem wird ein vergrößerter Integrationsschritt mit der Schrittweite h^* durchgeführt, um zunächst wieder das alte Abtastraster zu erreichen und dann mit der alten Schrittweite h fortzufahren.

Bild 4.14 enthält schematisch die Bestimmung des Zeitpunkts einer Ventillöschung anhand der linearen Interpolation zwischen den Wertepaaren des Gleich- und eines Kommutierungsstromes einer Brücke.

Bild 4.15 zeigt dagegen einen Ausschnitt aus einem Simulationslauf.

Man erkennt, daß bei Auftreten einer Zustandsänderung lediglich der zum Ende desjenigen Intervalls ausgegebene Stromwert, in dem die Diskontinuität auftrat, mit einer zusätzlichen, geringfügigen Abweichung behaftet ist. Alle folgenden Stromwerte sind durch den beschriebenen Algorithmus korrigiert, so daß sich die Fehler nicht akkumulieren.

Die Bestimmung der Diskontinuitäten ist damit bei gleichbleibendem Berechnungsauf-

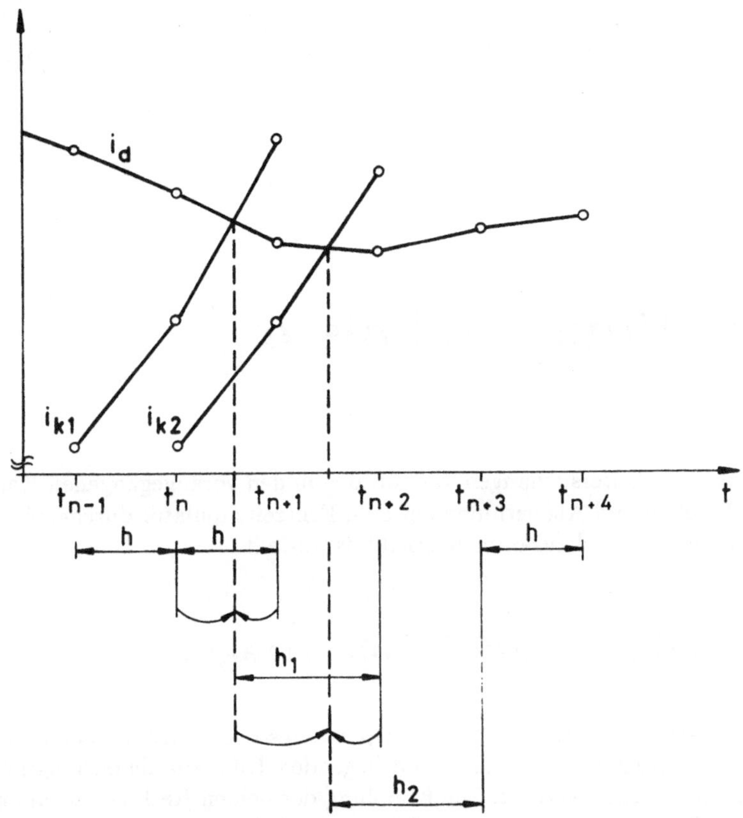

Bild 4.16: Bestimmung der Diskontinuitäten in aufeinanderfolgenden Integrationsintervallen

wand pro Integrationsschritt möglich und das an die Echtzeit gebundene Abtastraster bleibt erhalten.

Dieses Verfahren ist in entsprechender Weise auch auf das Auftreten zweier aufeinanderfolgender Zustandsänderungen in unmittelbar benachbarten Integrationsintervallen anzuwenden. Bild 4.16 zeigt schematisch die erste Rückrechnung, die erste Integration mit der verlängerten Schrittweite h_1 sowie die sich anschließende zweite Rückrechnung und die zweite Integration mit der verlängerten Schrittweite h_2.

Lediglich bei Auftreten zweier Zustandsänderungen im gleichen Integrationsintervall wird aus Vereinfachungsgründen angenommen, daß beide Zustandsänderungen zum gleichen Zeitpunkt aufgetreten sind, so daß kein weiterer Berechnungsaufwand erforderlich wird.

5

Simulationsergebnisse

Die Ergebnisse der Untersuchungen, die mit den in den vorangegangenen Kapiteln vorgestellten Modellen und Algorithmen auf dem Echtzeitsimulator durchgeführt wurden, werden in diesem Kapitel zusammenfassend dargestellt.

5.1 Simulation der Fernübertragung

Für die Simulation der zweipoligen Hochspannungs-Gleichstrom-Übertragung wurde die numerische Integration des zugrunde liegenden Differentialgleichungssystems auf zwei Gleitkommarechner verteilt. Die Kopplung der beiden Rechnerkarten und der angeschlossenen Peripheriebaugruppen erfolgte mit Hilfe der Bussteuereinheit über den Vektorbus. Die notwendige Kommunikation und Synchronisation der auf den Rechnern implementierten Prozesse wurde im Interesse eines einfachen Protokolls mit Semaphoren vorgenommen. Wegen der äußerst schnell stattfindenden Zünd- und Löschvorgänge in Stromrichtern stellt die Echtzeitbedingung sehr hohe Anforderungen an die Simulationsgeschwindigkeit. Die Grenze der numerischen Stabilität der Simulation liegt für die untersuchte Schaltung bei etwa 150 us. Um zudem die ausgeprägten Unstetigkeiten auch noch möglichst genau bestimmen zu können, war eine möglichst kleine Integrationsschrittweite zu erzielen und dennoch die Echtzeitbedingung zu erfüllen.

Um die Rechenleistung der beiden Gleitkommarechner möglichst weitgehend auszunutzen, entstanden vergleichsweise lange Programme, in denen die einzelnen Operationen ineinander verschachtelt und eng verzahnt sind.

Neben den Programmen zur Simulation der Fernübertragung im ungestörten Betrieb wurden weitere Programme in vergleichbarer Struktur zur Simulation fehlerhafter Betriebszustände entwickelt. Eine Auswahl der damit erhaltenen zeitlichen Verläufe verschiedener Größen des Modells gibt Aufschluß über das jeweilige Verhalten der HGÜ und das Eingreifen der Regler. Die Diagramme sind mit gleichen Modellparametern, aber unterschiedlichen Zeitmaßstäben gerechnet worden, um den entstehenden Ausgleichs-

Gleichrichter			
Sollwert des Gleichstroms	:	5,0	A
Zeitkonstante des Stromreglers	:	0,06	s
Verstärkung des Stromreglers	:	10,0	
Obere Begrenzung des Zündwinkels	:	120,0	Grad
Untere Begrenzung des Zündwinkels	:	0,0	Grad
Sollwert des Zündwinkels	:	18,0	Grad
Zeitkonstante des Zündwinkelreglers	:	70,0	s
Wechselrichter			
Sollwert des Löschwinkels	:	18,0	Grad
Mittelwert des Zündwinkels (Kennlinie)	:	141,0	Grad
Zeitkonstante des Löschwinkelreglers	:	0,03	s
Verstärkung des Löschwinkelreglers	:	0,3	
Obere Begrenzung des Zündwinkels	:	162,0	Grad
Untere Begrenzung des Zündwinkels	:	120,0	Grad
Sollwert der Gleichspannung	:	900,0	V
Zeitkonstante des Spannungsreglers	:	150,0	s

Tabelle 5.1: Reglerparameter

vorgang möglichst vollständig abbilden zu können.

Alle Größen einschließlich der Zeit sind nur auf ihre SI-Einheiten normiert. Falls nicht anders vermerkt, liegen den Versuchen die in Tabelle 5.1 zusammengestellten Reglerparameter zugrunde.

5.1.1   Einschaltvorgang

Die Bilder 5.1 und 5.2 zeigen den Einschaltvorgang der Hochspannungs-Gleichstrom-Übertragung. Das System befindet sich zu Beginn im energielosen Zustand.

Der Ausgleichsvorgang kann nach etwa $1,5s$ als beendet betrachtet werden. Wegen des entsprechend gewählten Maßstabs sind die Laufzeiten der Eigenwellen auf der Gleichstromleitung nicht zu erkennen und die zeitlichen Verläufe der Ströme und Spannungen in den beiden Kopfstationen sind einander sehr ähnlich. Das im Vergleich zur Gleichrichterstation entgegengesetzte Vorzeichen der Leiterspannungen der Wechselrichterstation ist dabei durch das für beide Stationen geltende Simulationsmodell bedingt.

Die Zündwinkel der beiden Brückenschaltungen in der Gleichrichterstation nehmen wegen der von Null ansteigenden Gleichströme unmittelbar nach Simulationsbeginn den durch die untere Begrenzung definierten Wert an. Erst nachdem die Ausgleichsvorgänge auf der Gleichstromleitung abgeklungen sind, lösen sich die Zündwinkel aus der Begrenzung, da die Gleichströme zunehmen. Nach einem Überschwingen, das durch den nicht separat begrenzten Integratoranteil der Stromregler ausgelöst wird, nähern sich die Zündwinkel und Gleichströme ihren stationären Endwerten.

In der Wechselrichterstation erweist sich der zunächst eingestellte Zündwinkel von 141° als zu klein. Er wird durch den Löschwinkelregler nach kurzer Zeit auf etwa 155° geregelt. Der Übertragungsfaktor des Stromrichtertransformators reagiert zunächst deutlich auf die zu geringe Leiterspannung, um dann nach dem Abklingen der Einschwingvorgänge langsam zurückgestellt zu werden.

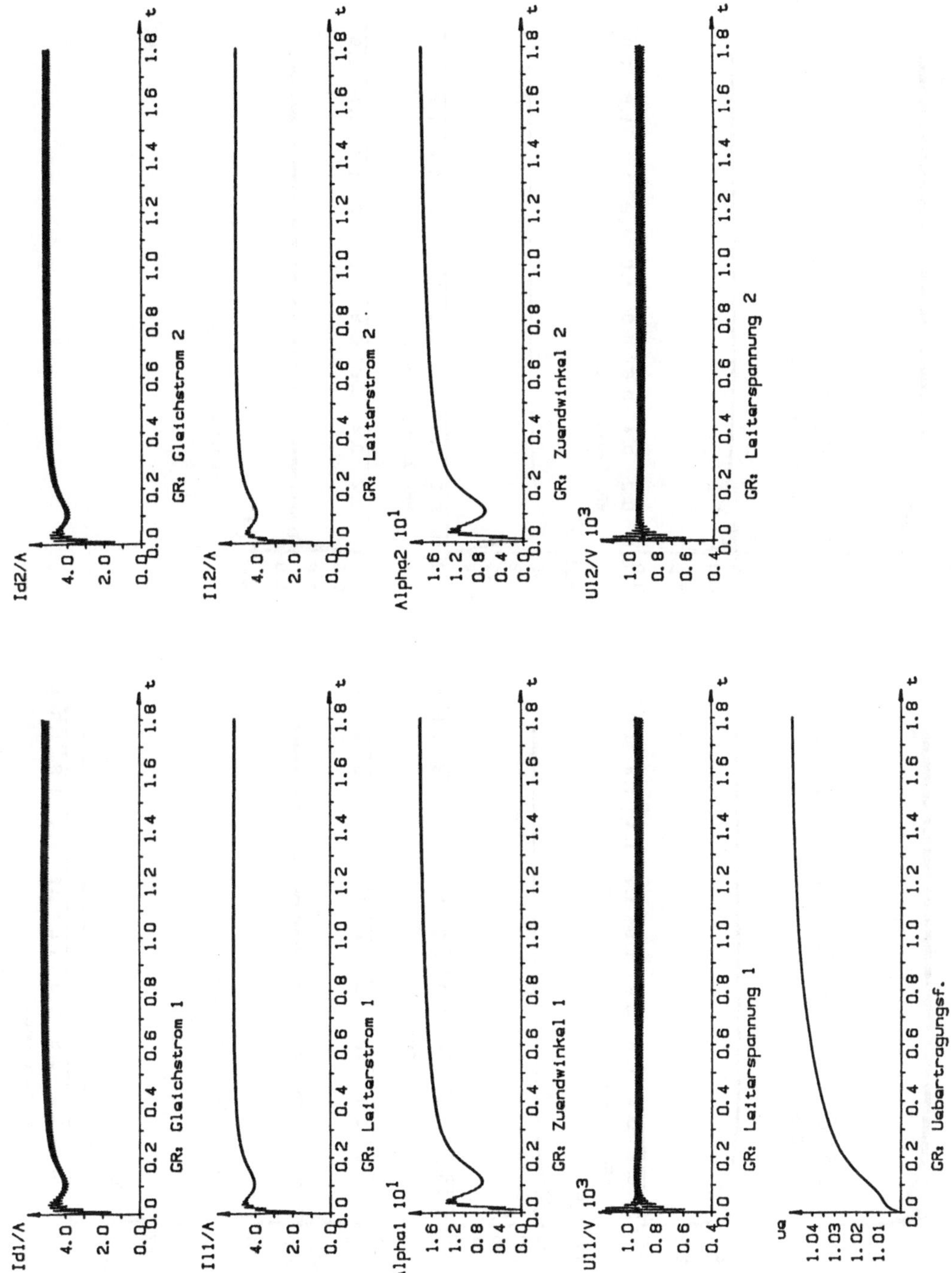

Bild 5.1: Einschaltvorgang, Gleichrichter-Größen

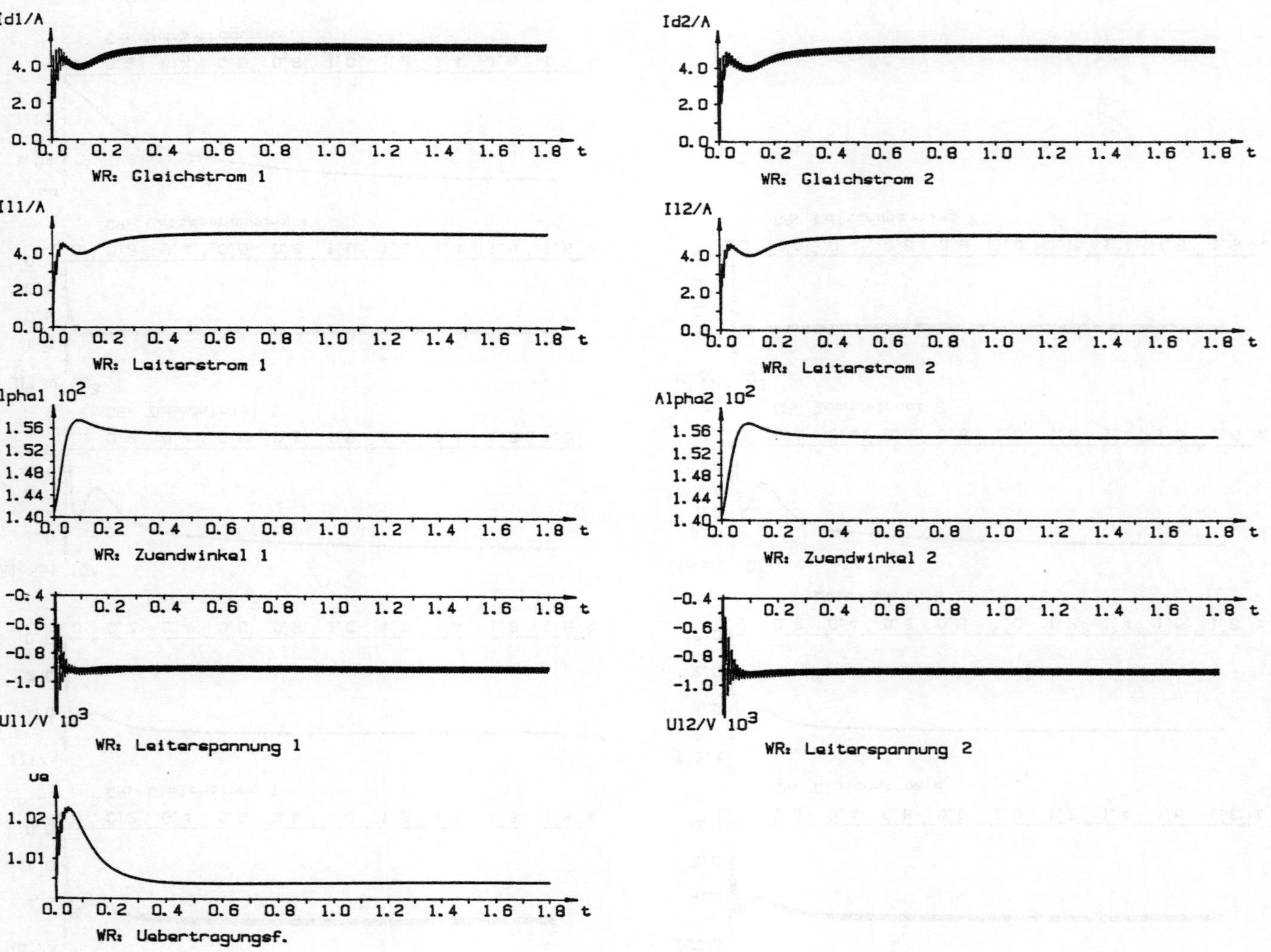

Bild 5.2: Einschaltvorgang, Wechselrichter-Größen

5.1.2 Sollwertsprung des Gleichstroms

In den Bildern 5.3 und 5.4 wird der Ausgleichsvorgang nach einem Sprung des Gleichstrom-Sollwertes dargestellt.

Nach dem Sollwertsprung werden die beiden Zündwinkel der Gleichrichterstation als Stellgrößen der PI-Stromregler durch die entstehende Regelabweichung sofort verkleinert. Der übergeordnete Zündwinkelregler setzt das Übersetzungsverhältnis des Stromrichtertransformators, der die beiden Brückenschaltungen mit dem Drehstromnetz verbindet, langsam herauf.

Durch das Ansteigen der Ströme nimmt die Kommutierungsdauer der Ströme in der Wechselrichterstation zu. Um den Löschwinkel auf dem vorgegebenen Sollwert zu halten, werden die Wechselrichter-Zündwinkel durch die Löschwinkelregler verringert.

Das Übersetzungsverhältnis des Stromrichtertransformators auf der Wechselrichterseite wird zunächst verkleinert, da die Gleichspannung auf der Leitung durch den verringerten Gleichrichter-Zündwinkel angestiegen ist. Anschließend steigt das Übersetzungverhältnis jedoch auf einen etwas erhöhten Endwert, da die Leitungsspannung trotz des geringeren Wechselrichterzündwinkels gehalten werden soll.

Durch den verkleinerten Zeitmaßstab ist die Welligkeit der Simulationsgrößen deutlich zu erkennen.

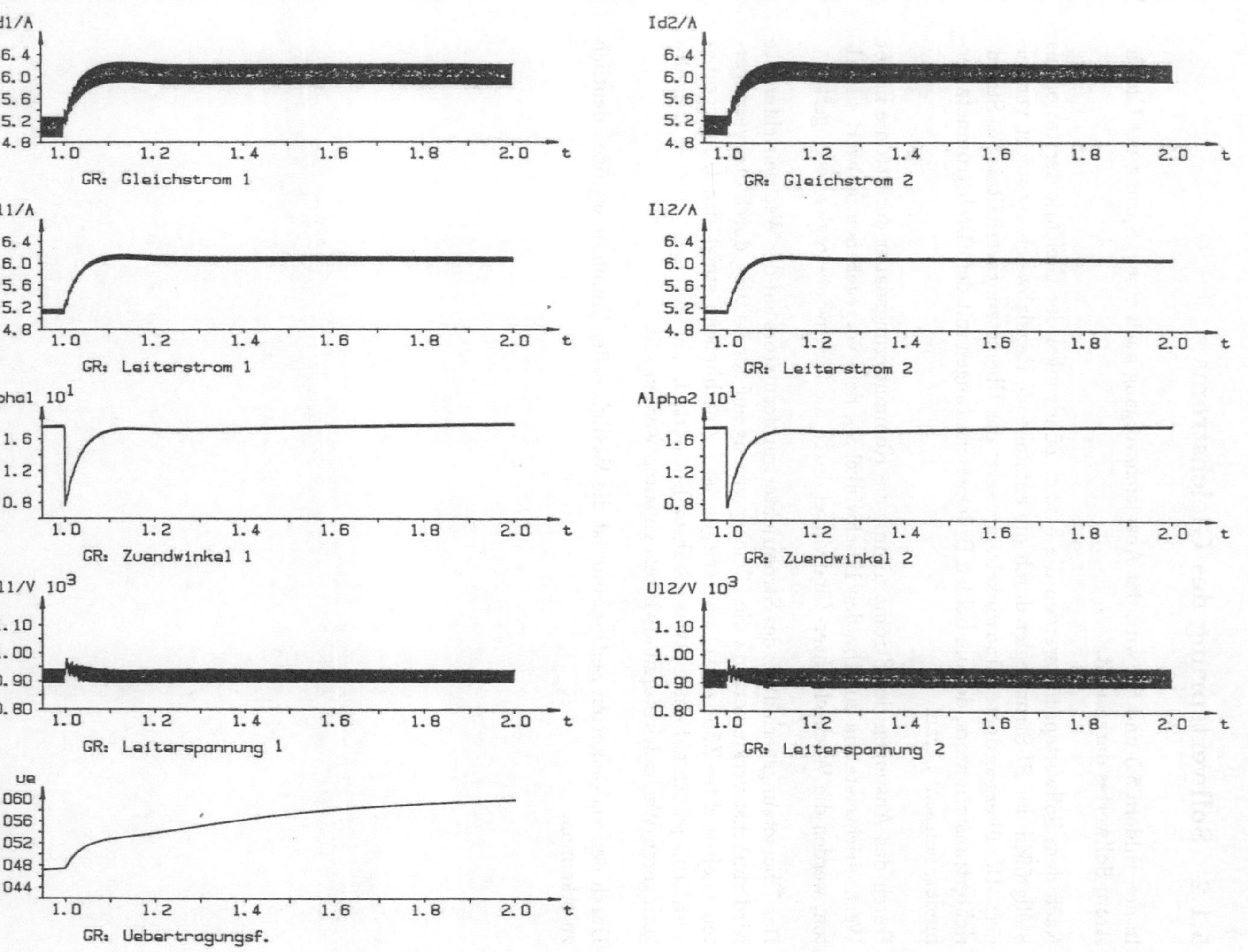

Bild 5.3: Sollwertsprung des Gleichstroms, Gleichrichter-Größen

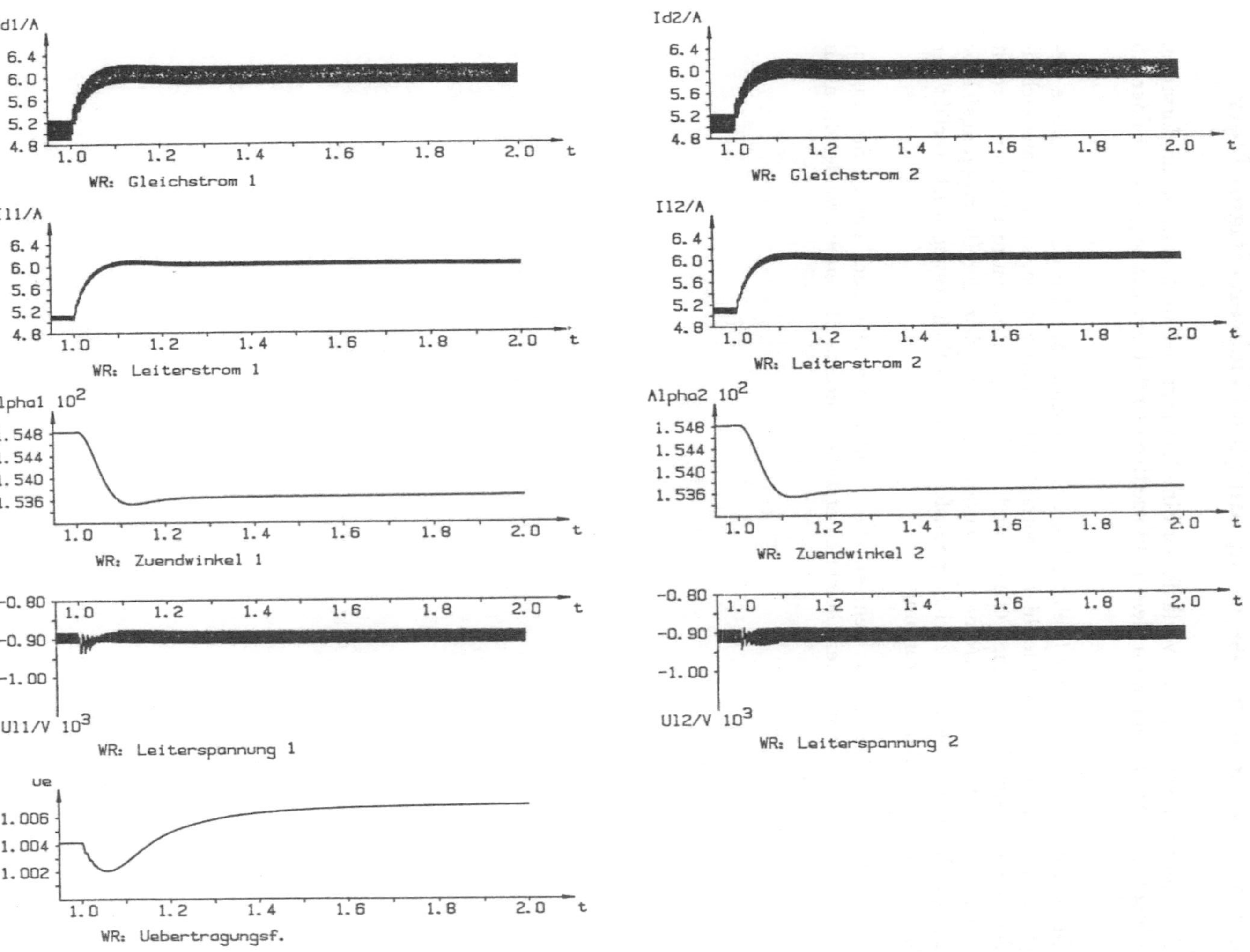

Bild 5.4: Sollwertsprung des Gleichstroms, Wechselrichter-Größen

5.1.3 Spannungsabsenkung im gleichrichterseitigen Netz

Die entstehenden zeitlichen Verläufe der Simulationsgrößen nach einer sprungförmigen Absenkung der Spannung im gleichrichterseitigen Drehstromnetz zeigen die Bilder 5.5 und 5.6.

Obwohl die Zündwinkel der Gleichrichterbrücken sofort auf den durch die untere Begrenzung definierten Wert (der hier $0°$ beträgt) eingestellt werden, kann ein ausreichendes Spannungsgefälle zwischen Gleich- und Wechselrichterstation nicht mehr aufrecht gehalten werden und die Ströme nehmen ab. Erst nachdem der Übertragungsfaktor des gleichrichterseitigen Stromrichtertransformators deutlich gestiegen ist, verläßt der Zündwinkel die untere Begrenzung.

In der Wechselrichterstation nehmen alle Simulationsgrößen nach kurzen Störungen, die durch die Vorgänge in der Gleichrichterstation verursacht werden, wieder die alten stabilen Werte an.

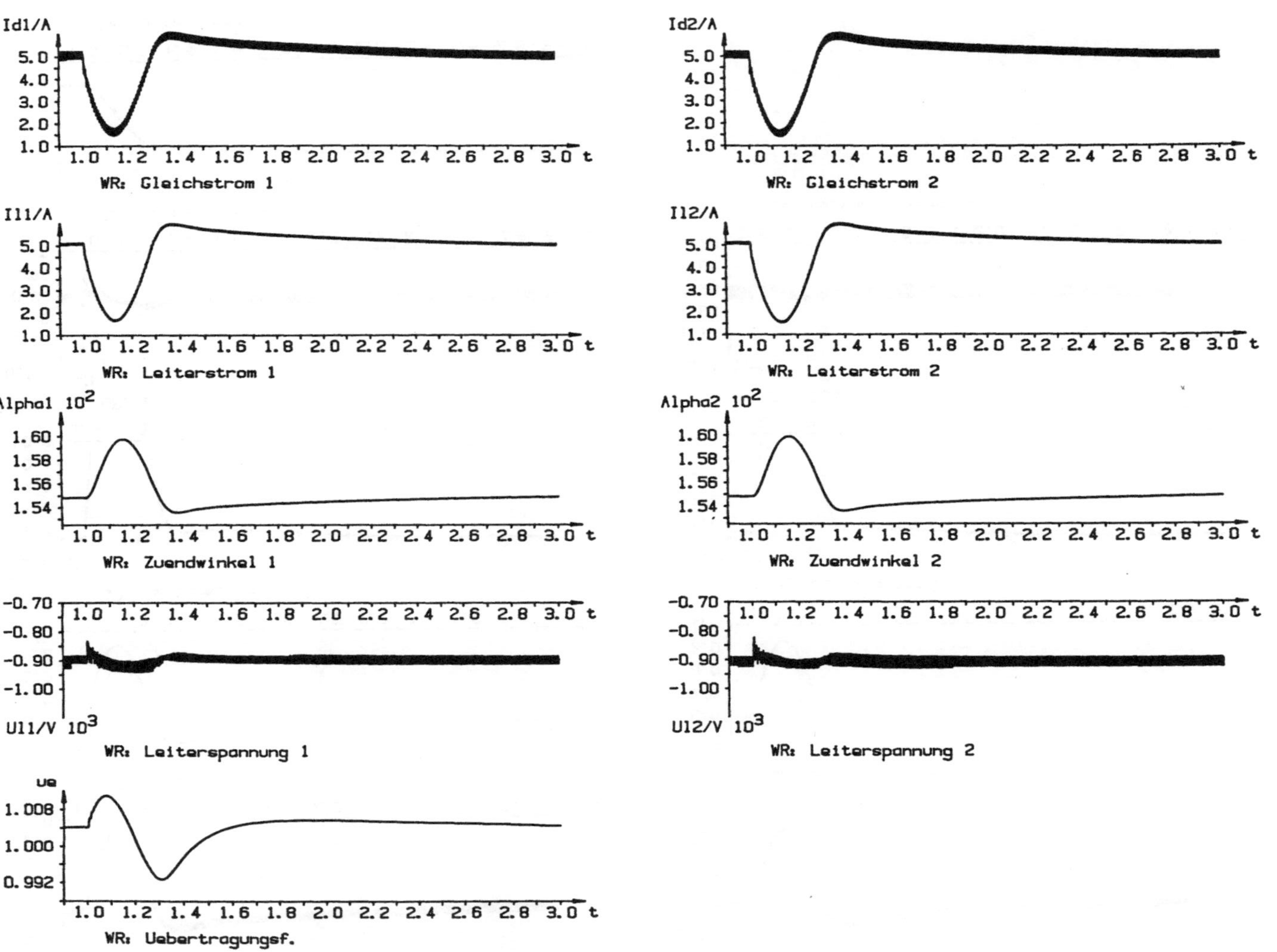

Bild 5.5: Spannungsabsenkung im gleichrichterseitigen Netz, Gleichrichter-Größen

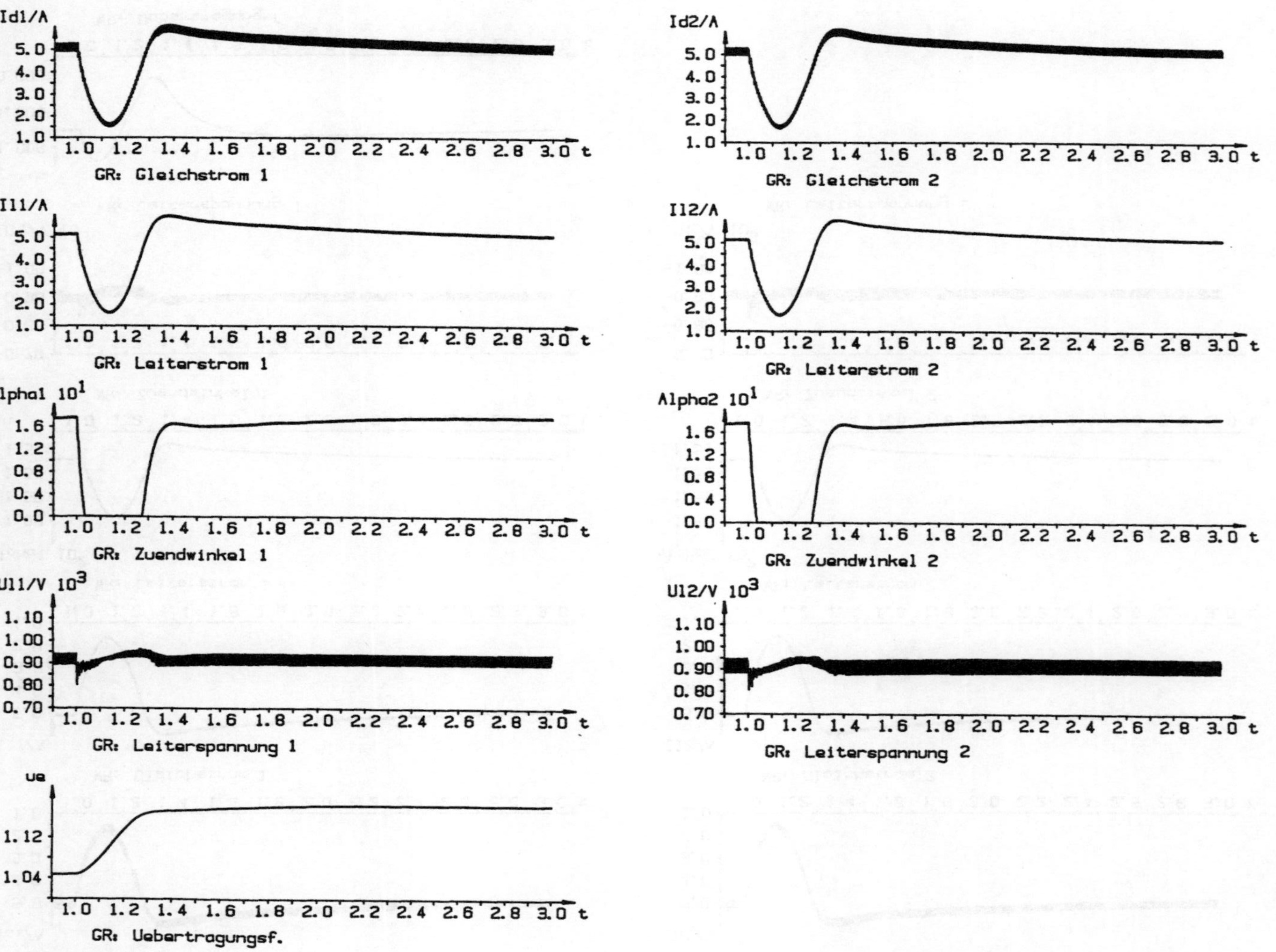

Bild 5.6: Spannungsabsenkung im gleichrichterseitigen Netz, Wechselrichter-Größen

5.1.4 Sollwertsprung der Gleichspannung

Bei einem Sprung des Sollwertes für den Mittelwert der Leiterspannungen an der Wechselrichterstation verhält sich die HGÜ in der in den Bildern 5.7 und 5.8 dargestellten Weise.

Der sprungförmige Anstieg des Gleichspannungssollwertes läßt den Übertragungsfaktor des wechselrichterseitigen Stromrichtertransformators ansteigen, so daß das Spannungsgefälle zwischen Gleich- und Wechselrichter und damit die Gleichströme reduziert werden.

Die Stromregelung verringert daraufhin die Zündwinkel der Gleichrichterbrücken und die Gleichströme stellen sich allmählich wieder auf den Sollwert ein.

Anhand der gegenüber dem Ausgangszustand vergrößerten stationären Endwerte der Wechselrichter-Zündwinkel ist zu erkennen, daß infolge der erhöhten anregenden Spannungen bei gleicher Gleichstromstärke die Kommutierungsdauer abgenommen hat, da nun die Kommutierungsströme schneller anzusteigen vermögen.

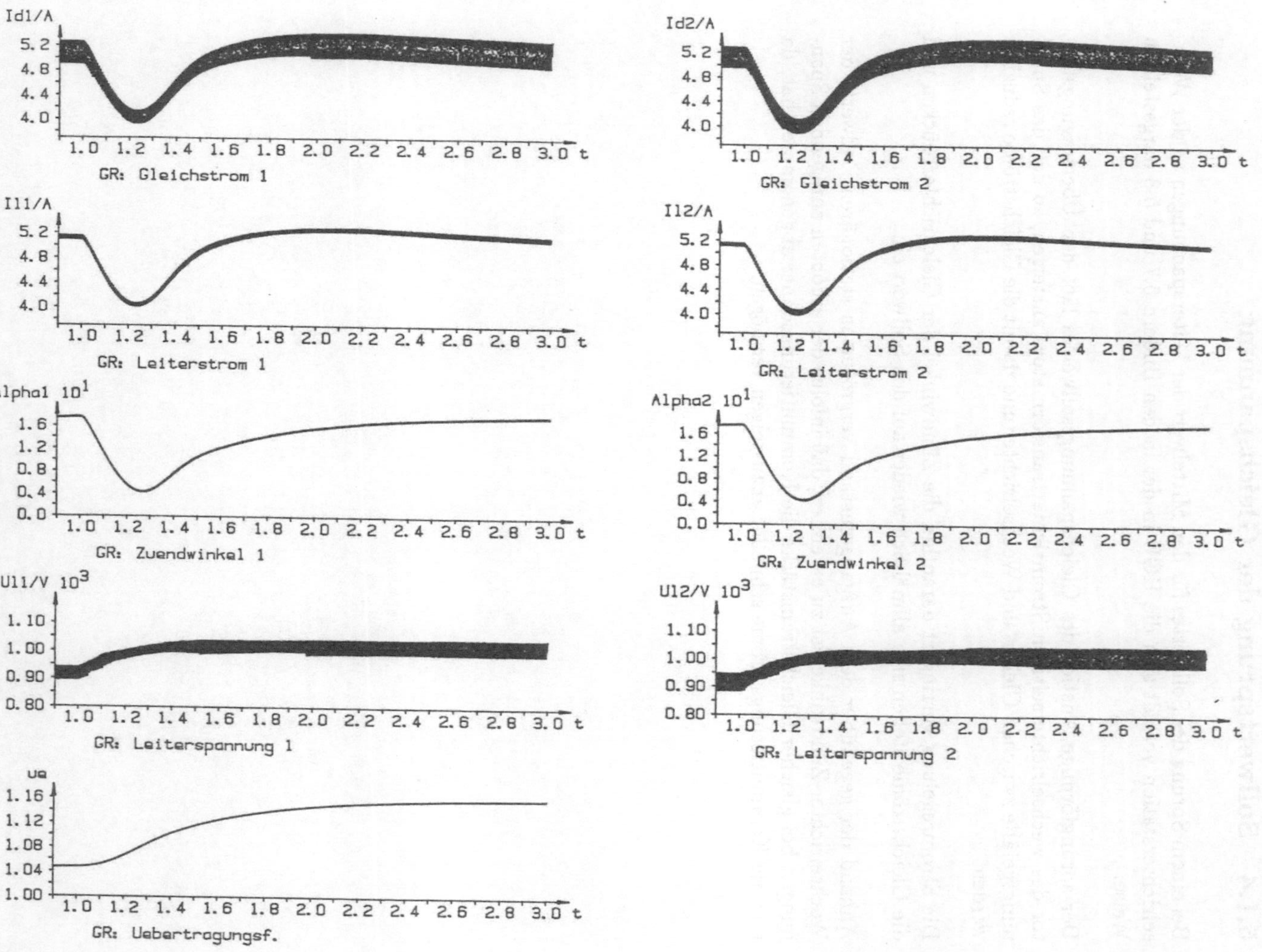

Bild 5.7: Sollwertsprung der Gleichspannung, Gleichrichter-Größen

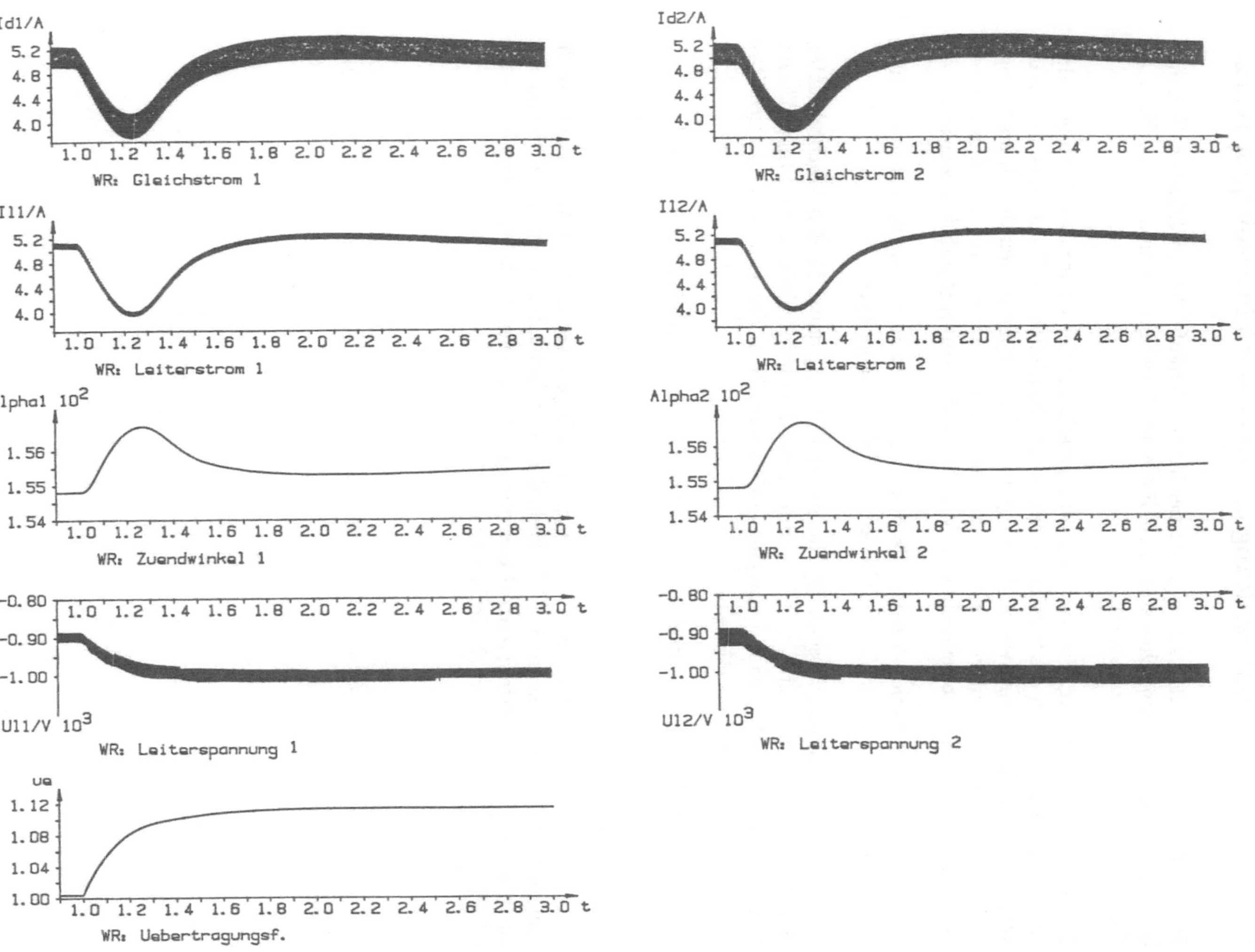

Bild 5.8: Sollwertsprung der Gleichspannung, Wechselrichter-Größen

5.1.5   Spannungsabsenkung im wechselrichterseitigen Netz

In den Bildern 5.9 und 5.10 sind die zeitlichen Verläufe der wichtigsten Simulationsgrößen beider Stromrichterstationen für eine Spannungsabsenkung im Netz der Wechselrichterstation dargestellt.

Durch diese Netzstörung, die das Spannungsgefälle auf der Gleichstromleitung schlagartig vergrößert, steigen die Ströme in den beiden Stationen zunächst stark an. In der Wechselrichterstation wird wegen der zu geringen Leiterspannungen das Übersetzungsverhältnis des Stromrichtertransformators angehoben, während mit den Zündwinkeln in der bereits mehrfach beschriebenen Weise die Löschwinkel stabilisiert werden.

In der Gleichrichterstation werden die deutlich zu großen Ströme sehr schnell durch eine starke Anhebung der Zündwinkel auf die Sollwerte geregelt.

Da durch die Spannungsabsenkung die Kommutierungsdauer in den Wechselrichter-Brückenschaltungen vergrößert wird, nimmt der Löschwinkelregler die Stellgröße zurück. Der überlagerte Spannungsregler erhöht schließlich das Übersetzungsverhältnis der Stromrichtertransformatoren.

Nach dem Abklingen der Ausgleichsvorgänge, die auf die Abläufe in der Wechselrichterstation zurückzuführen sind, stellen sich alle Simulationsgrößen wieder auf die alten stationären Werte ein.

Wegen des feinen Zeitmaßstabes der Diagramme ist die sechspulsige Welligkeit der Simulationsgrößen gut erkennbar. Die Welligkeit der Leiterströme ist dabei infolge der auf die sechsfache Netzfrequenz abgestimmten Filter wesentlich geringer als die der Gleichströme in den Stromrichterbrücken.

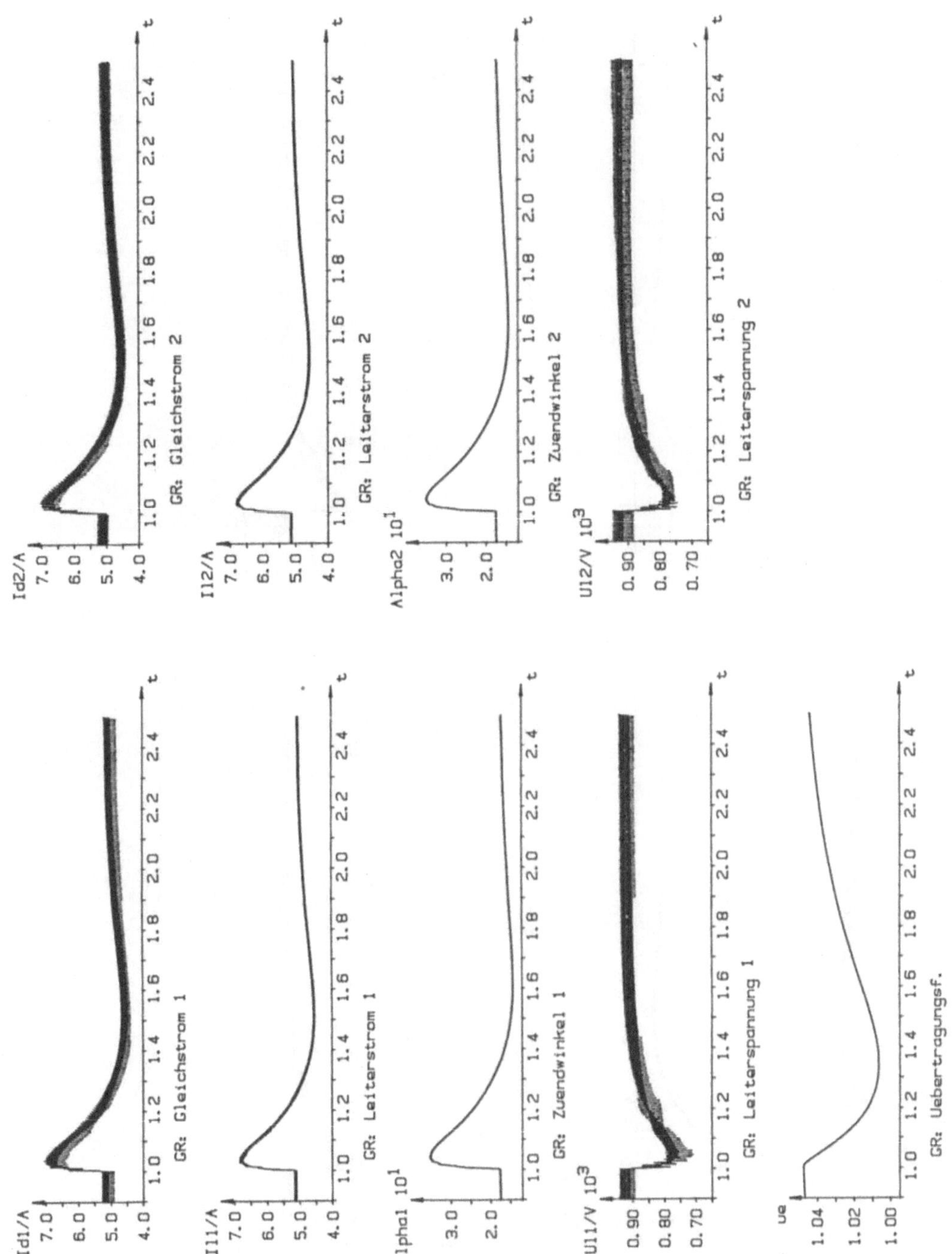

Bild 5.9: Spannungsabsenkung im wechselrichterseitigen Netz, Gleichrichter-Größen

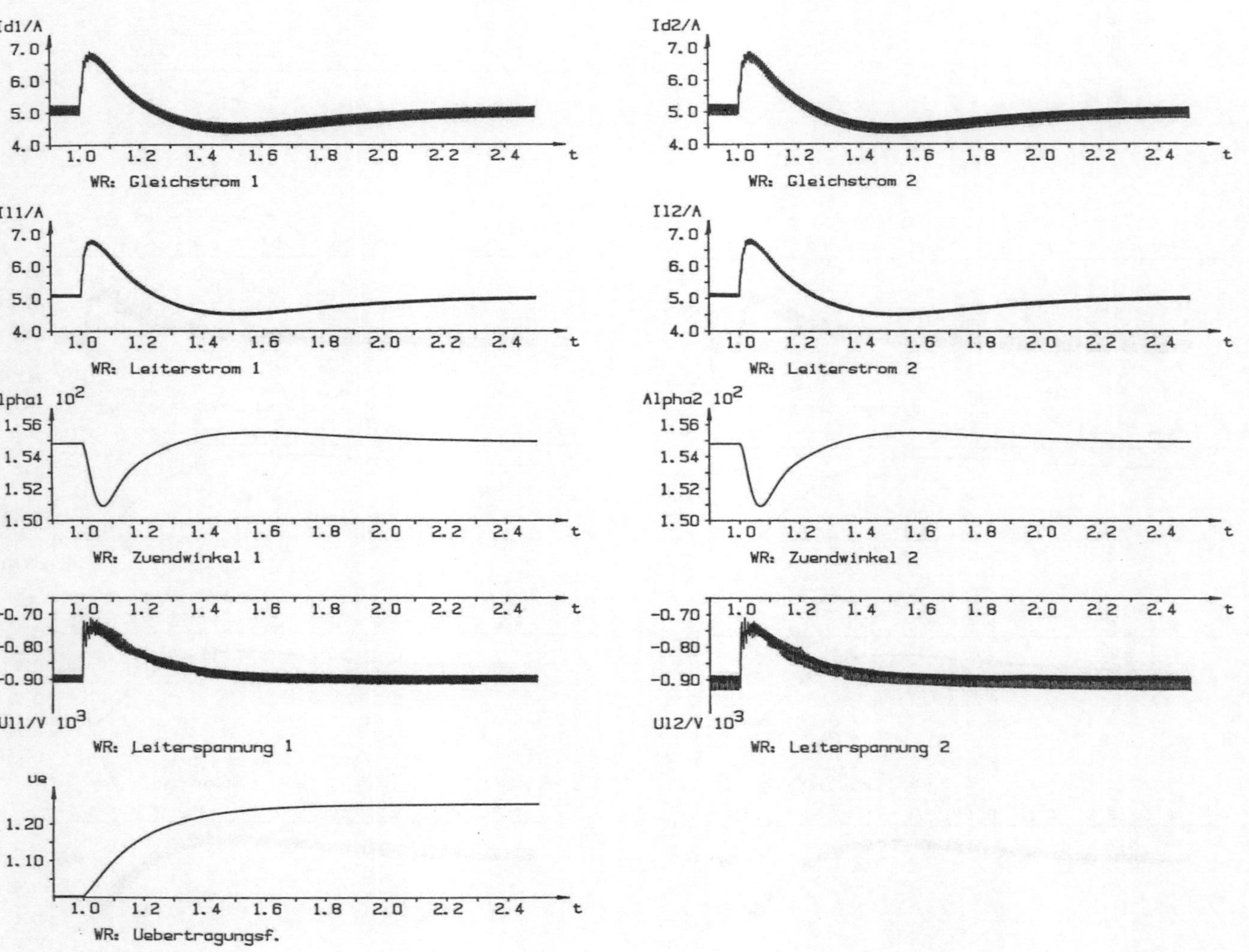

Bild 5.10: Spannungsabsenkung im wechselrichterseitigen Netz, Wechselrichter-Größen

5.1.6 Einphasiger Kurzschluß im gleichrichterseitigen Netz

Die Bilder 5.11 und 5.12 zeigen die zeitlichen Verläufe nach dem Kurzschluß einer Phase im gleichrichterseitigen Drehstromnetz.

Durch den Ausfall einer Phase eines Drehstromnetzes wiederholen sich die aus den Phasenspannungen zusammengesetzten anregenden Spannungen u_m und u_n nicht mehr gleichmäßig, sondern verändern sich stark von einem Kommutierungsvorgang auf den anderen. Dadurch kommt es zu einer ausgeprägten zweipulsigen Welligkeit aller Ströme und Spannungen des gesamten Übertragungssystems. Die Mittelwerte der Simulationsgrößen verhalten sich in etwa wie bei der Simulation einer Spannungsabsenkung im Gleichrichternetz.

Während der Simulation nimmt die Welligkeit der verschiedenen Größen bis zu einem Grenzwert zu, der durch die Begrenzung der einzelnen Größen bedingt ist. Dieses Aufklingen ist stark von der Wahl der Leitungslänge und der Glättung der Strommeßwerte abhängig.

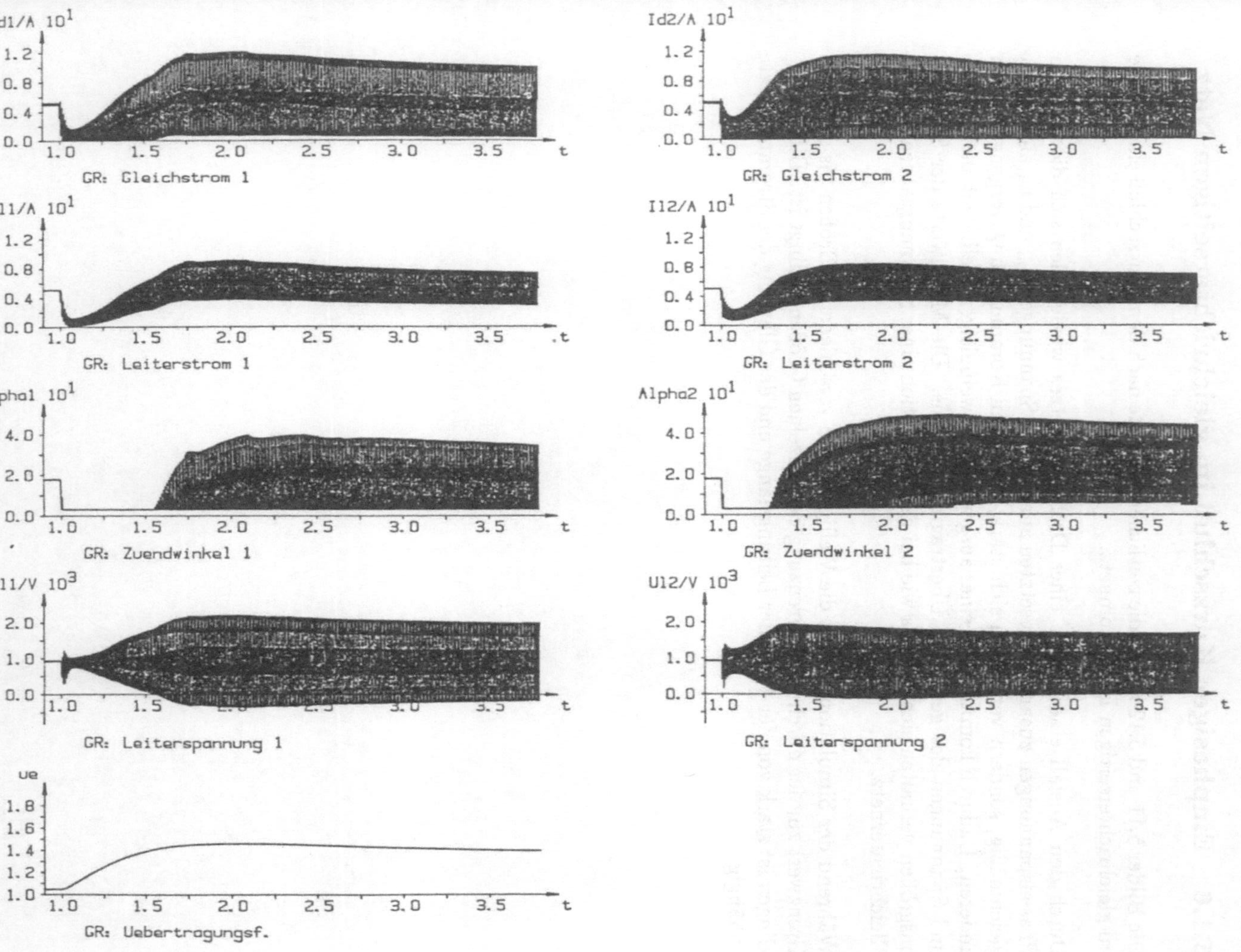

Bild 5.11: Einphasiger Kurzschluß, Gleichrichter-Größen

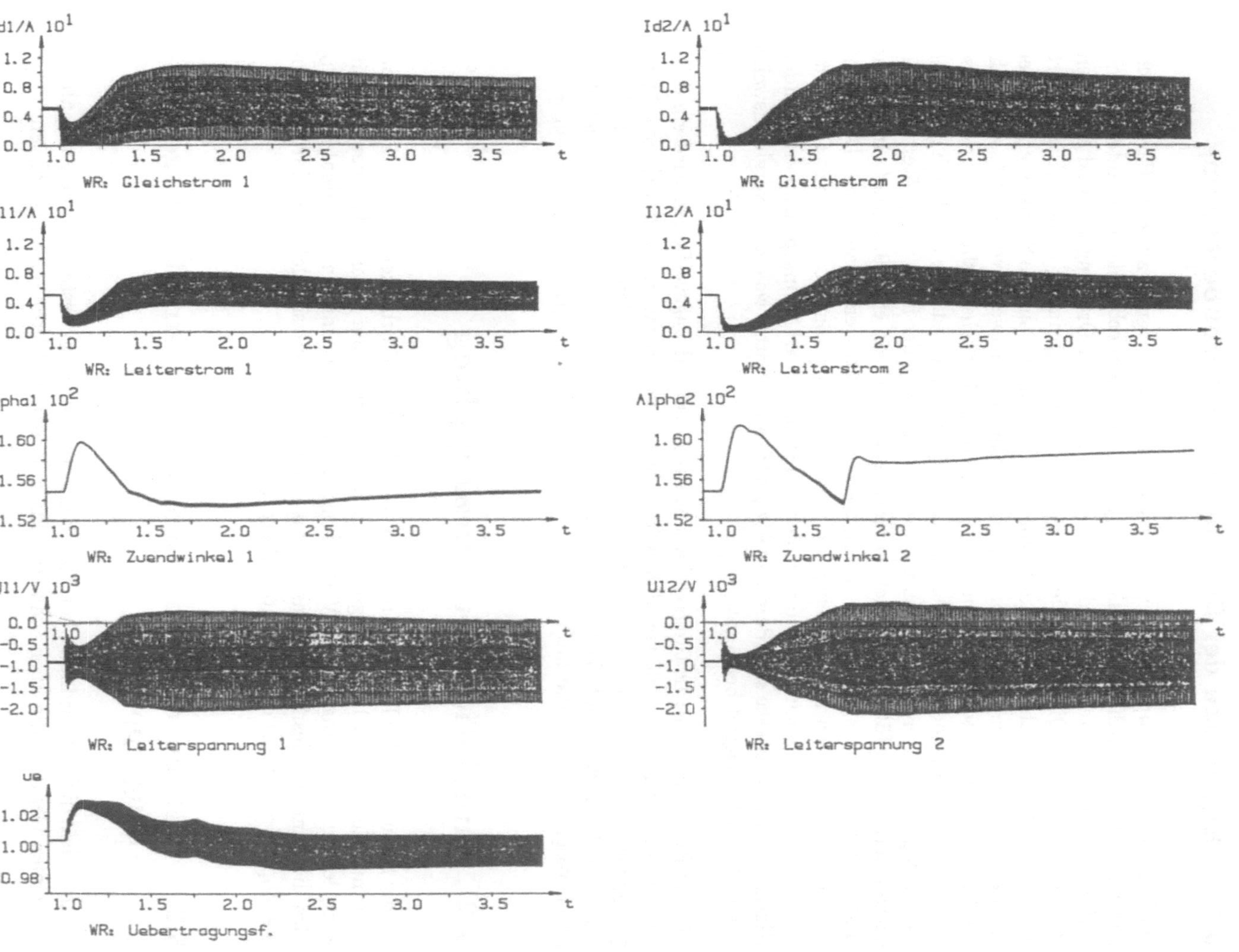

Bild 5.12: Einphasiger Kurzschluß, Wechselrichter-Größen

5.1.7   Ergebnisse der Simulation der Fernübertragung

Die Ergebnisse der Implementierung der HGÜ-Fernübertragung auf dem Parallelrechnersystem werden noch einmal zusammengefaßt: Mit dem echtzeitfähigen Integrationsverfahren "Modifizierter Euler", das ein Verfahren zweiter Ordnung ist, wird auf jedem Rechner ein lineares Differentialgleichungssystem achter Ordnung numerisch integriert. Einschließlich der Rechnerkommunikation und der Zugriffe auf die Schnittstellenkarten konnte für die Echtzeitsimulation eine Integrationsschrittweite von $66,67\mu s$ erreicht werden. Bei den gesteuerten Ventilen in Gleich- und Wechselrichter entspricht diese Schrittweite einer Zündwinkeländerung von lediglich $1,2$ Grad. Die zusätzlich innerhalb eines Integrationsintervalles vorgenommene Bestimmung der Diskontinuitäten durch lineare Interpolation führt schließlich zu einer Auflösung von etwa $0,2$ Grad. Insgesamt sind pro Stromrichterstation etwa 500 Gleitkommaoperationen auszuführen. Das ergibt bei einer Taktzeit von $66,67\mu s$ eine Gleitkommaleistung von $7,5$ Millionen Gleitkommaoperationen pro Sekunde. Die nach dem Fließbandverarbeitungsprinzip arbeitenden Gleitkommarechenwerke sind damit zu etwa 47% ausgelastet, was einen vergleichsweise hohen Auslastungsgrad bedeutet.

Für die Berechnung des Leitungsverhaltens nach dem Faltungsverfahren wird ein dritter Rechner eingesetzt, der von den beiden Simulationsrechnern die jeweiligen Anregungsgrößen erhält und die neuen Werte der eingeprägten Wellenspannungen errechnet. Durch die laufzeitbedingte Entkopplung der Faltungsberechnung von den übrigen Ausgleichsvorgängen kann die Integrationsschrittweite von $66,67\mu s$ beibehalten werden.

5.2   Simulation der Kurzkupplung

An der Simulation der Fernübertragung wurde die Durchführbarkeit der digitalen Echtzeitsimulation der Hochspannungs-Gleichstrom-Übertragung gezeigt. Mit der Nachbildung der Kurzkupplung und der Verbindung des Simulators mit einer Original-Regelung wird die Funktion des Simulationssystems in einer Echtteilesimulation ("Hardware-in-the-loop"-Simulation) experimentell überprüft.

5.2.1   Betrieb des Simulators mit industriellen Regelungsbaugruppen

Die grundsätzliche Anordnung bei einer Echtteilesimulation besteht aus dem Simulator und realen Geräten, die über Schnittstellen miteinander kommunizieren können.

Bild 5.13 zeigt den grundsätzlichen Simulationsaufbau.

Zum Anschluß des Simulators an die konventionellen Regelungsbaugruppen wurden spezielle Kopplungsbaugruppen entwickelt. Von den Regelungen der beiden Stationen

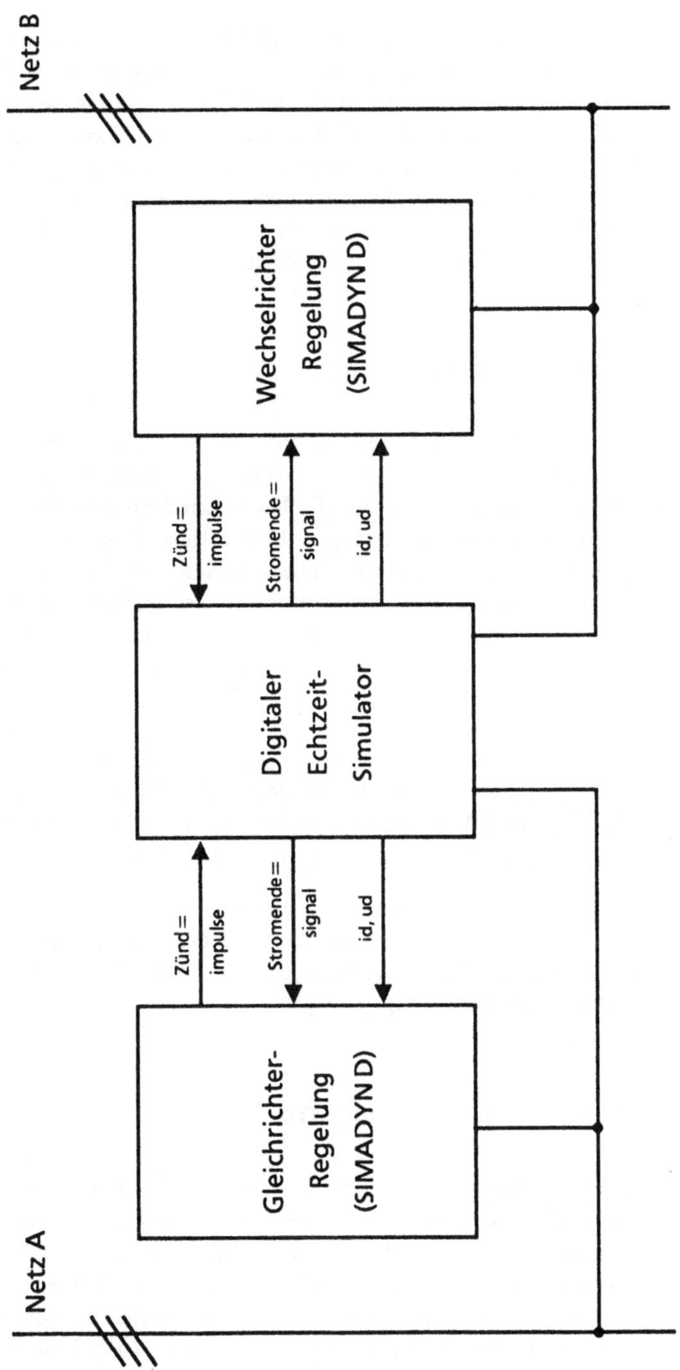

Bild 5.13: Blockschaltbild der "Hardware-in-the-loop"-Simulation

erhält der Simulator je 12 Zündimpulse und liefert dafür Gleichströme und -spannungen sowie jeweils die Stromendesignale. In den Kopplungsbaugruppen müssen die eintreffenden Impulse zeitrichtig erfaßt und in die zeitdiskrete Arbeitsweise des Simulators integriert werden. Gleichermaßen sind die Stromendesignale asynchron zum Simulator-Takt an die Regelungsbaugruppen auszugeben. Die Ankopplung der Regelungsbaugruppen soll dabei ohne bauliche Veränderungen vorgenommen werden können, d.h. die bisher an den Analog-Simulator angeschlossenen Verbindungskabel sollen sich direkt auch an den digitalen Simulator anschließen lassen.

5.2.2 Zündimpuls-Erfassung

Von den industriellen Regelungsbaugruppen, die für die Regelung der Gleich- und Wechselrichterstation eingesetzt werden sollen, werden als Stellgröße die Zündimpulse für die einzelnen Ventile einer Station erzeugt. Diese Zündinformationen werden von einer Schnittstellenbaugruppe erfaßt und dem Integrationsalgorithmus in zweckmäßiger Form zeitrichtig zur Verfügung gestellt. Die Abfrage der Zündinformation lediglich zu den Abtastzeitpunkten würde eine nur recht grobe Erfassung darstellen, denn die Schrittweite von $100\mu s$ entspricht immerhin einer Zündwinkeländerung von $1,8°$. Die Erfassung der Zündimpulse innerhalb eines Integrationsintervalls geschieht daher über Zähler, die vom Zündimpuls gestartet und zum nächsten Abtastzeitpunkt angehalten und ausgelesen werden. Der Zählerstand ist dann ein Maß für das seit der Zündung vergangene Zeitintervall, die sogenannte Zündverzugszeit. Dem in Kapitel 4 beschriebenen Algorithmus entsprechend werden die Werte der Zustands- und Anregungsgrößen zum Zündzeitpunkt durch lineare Interpolation ermittelt, um dann mit einem um die Zündverzugszeit vergrößerten Integrationsschritt wieder das alter Abtastraster zu erreichen.

Die für die Simulationsrechner in der Kopplungsbaugruppe bereitgehaltenen Zündinformationen bestehen damit aus der Angabe, welches Ventil zu welchem Zeitpunkt innerhalb des zuletzt betrachteten Intervalls gezündet hat. Bild 5.14 zeigt die Struktur der asynchronen Zündsignalerfassung.

5.2.3 Stromendesignal-Ausgabe

Umgekehrt benötigt die Regelung die Information über die Beendigung der Stromführung eines Ventils. Dies wird von einer zweiten Baugruppe übernommen, die nach entsprechender Ansteuerung durch den Simulator die sogenannten Stromende-Signale ausgibt. Diese werden dann von der Regelung erfaßt. Im Interesse einer möglichst hohen Genauigkeit sollen auch die Stromende-Signale asynchron zum festen Takt der Simulation zum richtigen Zeitpunkt ausgegeben werden. Bild 5.15 zeigt schematisch die Vorgehensweise zur näherungsweisen Berechnung des Löschzeitpunkts. Im Intervall von t_{n-1} bis t_n wird nach Vorliegen der Schätzwerte für $i_d(t_n)$ und $i_k(t_n)$ über eine lineare Extrapolation ein Näherungswert $T_L(n)$ für das verbleibende Zeitintervall

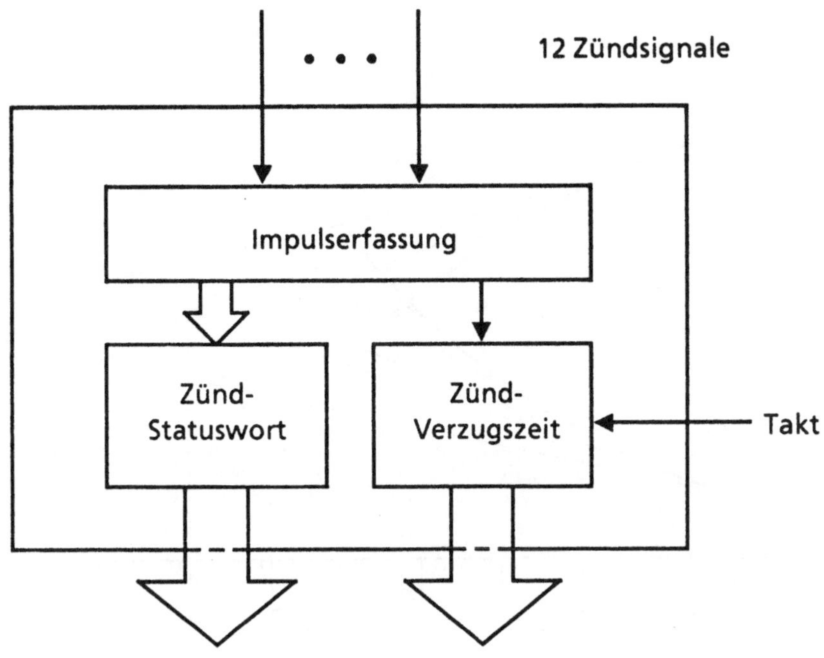

Bild 5.14: Asynchrone Zündsignalerfassung

bis zum Löschzeitpunkt ermittelt. Der Zählerbaustein zur Auslösung des Stromende-Signals wird mit dem Wert geladen und beginnt mit dem kommenden Takt zu dekrementieren. Im folgenden Schritt wird das Verfahren erneut durchlaufen und der Zähler mit einem neuen, genaueren Schätzergebnis geladen. Diese Vorgehensweise wird so lange wiederholt, bis der Zähler durch Erreichen des Nulldurchgangs die Ausgabe des Stromende-Signals im aktuellen Schritt verursacht.

Im Algorithmus wird jedoch weiterhin zu Beginn eines neuen Schrittes überprüft, ob die Löschung auch wirklich eingetreten ist, so daß sich die Fehler der Extrapolation nicht auf die Genauigkeit der Integration auswirkt.

Als dritte Schnittstelleneinheit fungiert ein Digital-Analog-Umsetzer, der die für die Regelung unmittelbar erforderlichen Größen Gleichstrom und Gleichspannung ausgibt.

Schließlich muß der Simulator die beiden zu koppelnden Drehstromnetze abtasten. Dies geschieht über eine vierte Baugruppe, die schnelle Analog-Digital-Umsetzer enthält. Die Abtastung der beiden Drehspannungssysteme dient dabei nicht nur der Bereitstellung der netzseitigen Eingangsgrößen, sondern auch der Synchronisation der Simulationsprogramme für Gleich- und Wechselrichter mit ihren zugehörigen Regelungsbaugruppen.

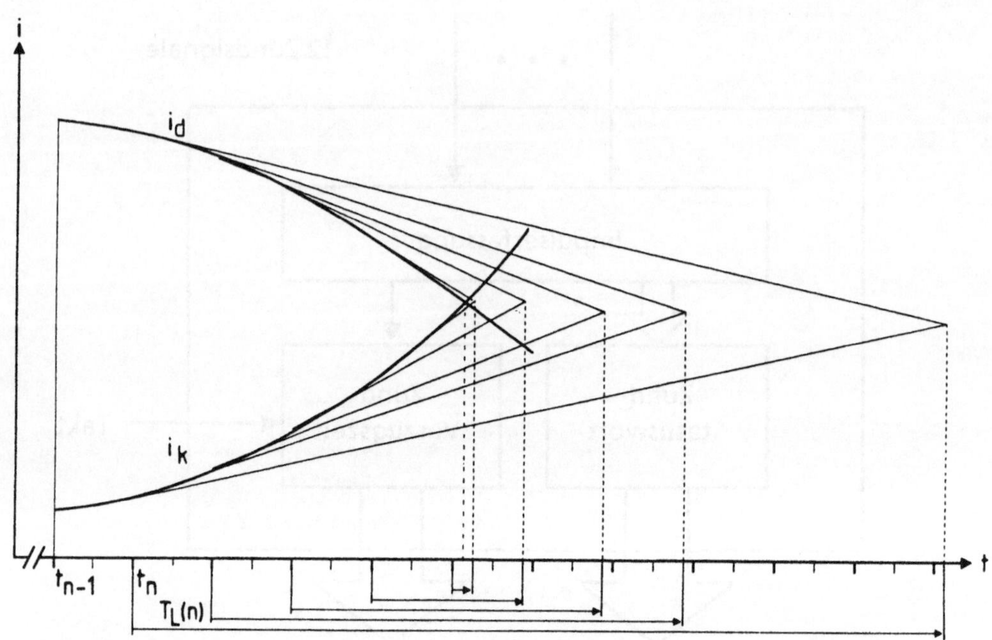

Bild 5.15: Extrapolationsverfahren zur Bestimmung von Löschzeitpunkten

5.2.4   Echtteilesimulation

Im Forschungszentrum der Siemens AG in Erlangen wurde der digitale Echtzeitsimulator mit der HGÜ-Modellanlage verbunden, um die experimentelle Überprüfung des Konzepts vorzunehmen. Die eigens für diesen Zweck entwickelten Kopplungsbaugruppen erlaubten den direkten Anschluß der Original-Regelungsbaugruppen an den Echtzeitsimulator. Nach Anschluß der beiden miteinander zu koppelnden Drehstromnetze ließen sich die Simulationsprogramme für Gleich- und Wechselrichter mit den beiden Netzen synchronisieren, um dann den eigentlichen Rechenbetrieb aufnehmen.

Die Untersuchungen dienten der Überprüfung des Zusammenspiels des erstellten digitalen HGÜ-Modells mit industriellen Regelungsbaugruppen. Unter verschiedenen Betriebsbedingungen wurden Messungen vorgenommen.

Bild 5.16 zeigt die sich bei Stromregelung nach einem Sollwertsprung einstellenden Verläufe. Erfaßt wurden Gleichspannung, Gleichstrom und Übertragungsleistung sowie die zugehörigen Verläufe der Zündwinkel.

Entsprechend zeigt Bild 5.17 die Ausgleichsvorgänge, die sich bei Leistungsregelung nach einem Sollwertsprung ergeben.

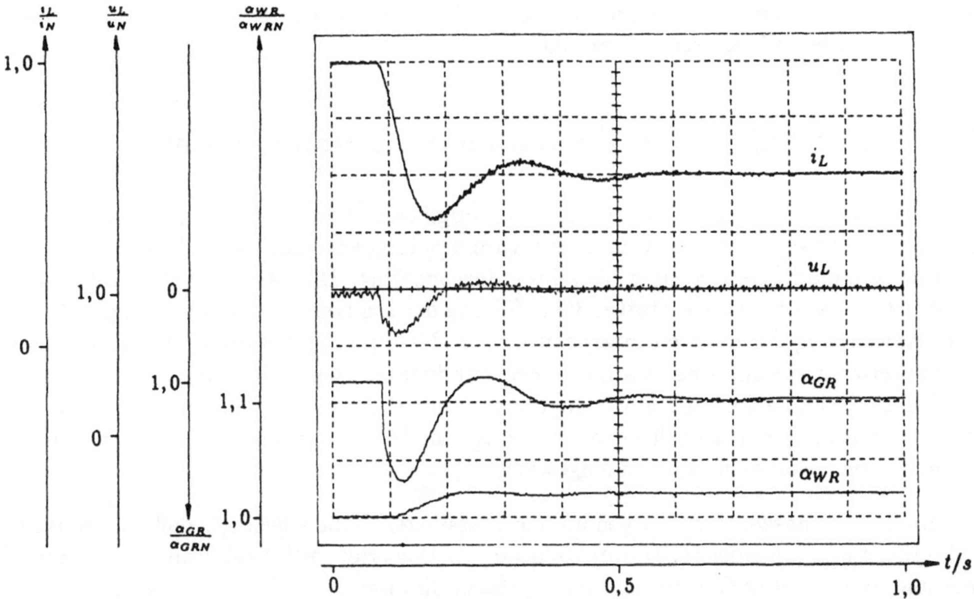

Bild 5.16: Sollwertsprung bei Stromregelung

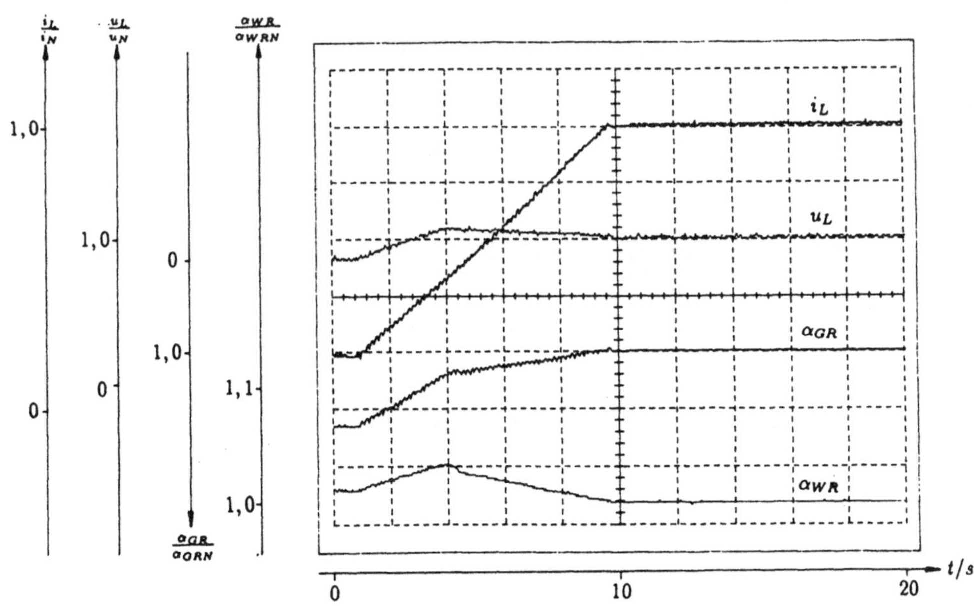

Bild 5.17: Sollwertsprung bei Leistungsregelung

Alle gemessenen Verläufe stimmen mit guter Genauigkeit mit denen überein, die mit der HGÜ-Modellanlage erzeugt wurden.

5.2.5   Ergebnisse der Simulation der Kurzkupplung

Die Ergebnisse der Simulation der Kurzkupplung lassen sich wie folgt zusammenfassen: Die parallele Integration des Modells der Kurzkupplung wird auf vier Vektorrechnerkarten mit dem modifizierten Euler-Verfahren durchgeführt. Die dabei gewählte Integrationsschrittweite von $100\mu s$ gestattet die Erfüllung der Echtzeitbedingungen bei gleichzeitiger Anwendung der linearen Interpolation zur Bestimmung der Diskontinuitäten. Die Schrittweite entspricht einer Variation des Zündwinkels von $1,8°$. Zur Durchführung der Echtteilesimulation mit einer digitalen Original-HGÜ-Regelung werden Schnittstellenbaugruppen zur asynchronen Erfassung von Zündimpulsen und zur zeitrichtigen Ausgabe von Stromendesignalen eingesetzt.

Die im Forschungszentrum vorgenommen Messungen haben gezeigt, daß die digitale Echtteilesimulation einer HGÜ durchführbar ist. Das erforderliche einwandfreie Zusammenspiel industrieller Geräte mit dem digitalen Simulator wurde nachgewiesen. Insgesamt konnten die Untersuchungen dank der heute zur Verfügung stehenden Möglichkeiten der Mikroelektronik unter vergleichsweise kostengünstigem Bauelementeeinsatz durchgeführt werden.

6

Zusammenfassung

Die vorliegende Arbeit beschreibt die Untersuchungen, die bezüglich der Durchführbarkeit der digitalen Echtzeitsimulation einer Hochspannungs-Gleichstrom-Übertragung vorgenommen wurden.

Nach Bestimmung der für eine digitale Simulation unter Echtzeitbedingungen zur Verfügung stehenden numerischen Integrationsverfahren werden allgemeine und anwendungsspezifische Kriterien für den Entwurf eines als Echtzeitsimulator einzusetzenden Multiprozessorsystems angegeben. Das für die vorliegende Simulationsaufgabe entwickelte Rechnersystem wird in seinem Aufbau und seiner Programmierung vorgestellt. Das Kernstück des Simulators ist ein Rechnermodul, der aus einem Signalprozessor und einem Gleitkommarechenwerk mit eigenem Programm- und Datenspeicher besteht. Mit diesem schnellen Gleitkommarechner als Grundbaustein wird ein eng gekoppeltes Parallelrechnersystem entwickelt, das für die numerische Integration gewöhnlicher Differentialgleichungssysteme zugeschnitten ist.

Zum Nachweis der prinzipiellen Durchführbarkeit der gestellten Echtzeitsimulationsaufgabe wird das Modell einer zwölfpulsigen HGÜ-Fernübertragung auf dem Rechnersystem implementiert. Bei der erzielten Schrittweite von $66,7\mu s$ werden die Echtzeitbedingungen erfüllt.

Für die Durchführung einer Echtteilesimulation, eine der Hauptanwendungen von Echtzeitsimulationen, wird eine HGÜ-Kurzkupplung auf dem Rechnersystem nachgebildet. Über geeignete Schnittstellenbaugruppen wird eine digitale Original-HGÜ-Regelung mit dem Simulator verbunden. Das resultierende dynamische Verhalten erlaubt den Nachweis der einwandfreien Kooperation des digitalen Simulators mit den Original-Regelungsgeräten.

Im Gegensatz zur Rechnerstruktur, die allgemein für die numerische Integration gewöhnlicher Differentialgleichungssysteme geeignet ist, stellen die erstellten Programme angepaßte Lösungen dar, die in hohem Maße spezialisiert sind. In den spezifischen Anwendungen werden dementsprechend sehr hohe Rechengeschwindigkeiten und Simulationsleistungen erzielt.

Das vorgestellte Rechnersystem und die erstellten Programme stellen Einzellösungen dar, die sich nicht auf andere Rechner übertragen lassen. Sie haben jedoch gezeigt, daß es mit Hilfe vergleichsweise kostengünstiger Bauelemente möglich ist, Simulationsleistungen mit Digitalrechnern zu erreichen, die bisher analogen oder elektronischen Modellen vorbehalten waren.

Die Entwicklung immer leistungsfähigerer Prozessoren und Rechnersysteme ist im vollen Gang, jedoch ist wegen der ungleich größeren Zahl der Anwendungen ein starkes Übergewicht von Systemen für die Integration partieller Differentialgleichungssysteme zu beobachten.

Die durchgeführten Untersuchungen haben auch verdeutlicht, daß für die Integration partieller Differentialgleichungssysteme deutlich leistungsfähigere Algorithmen als für die numerische Integration gewöhnlicher Differentialgleichungssysteme zur Verfügung stehen. Der Hauptgrund dafür sind die bei den partiellen Systemen gegebenen Vektorisierungsmöglichkeiten. Diese führen zu sehr effizienten Algorithmen, zu denen es bei den gewöhnlichen Systemen keine Entsprechnung gibt, da dort die rechten Seiten der Gleichungen völlig verschieden voneinander sein können.

Anhang A

Daten der Fernübertragung

A.1 Kenndaten der Fernübertragung

Die Kenndaten der Fernübertragung lauten:

$$
\begin{array}{ll}
R_k = 0,25\Omega & L_k = 0,015H \\
R_D = 1,5\Omega & L_D = 0,33H \\
R_F = 100\Omega \qquad L_F = 0,0715H & \qquad C_F = 3,94\mu F
\end{array}
\tag{A.1}
$$

Bei einer Leitungslänge $l = 500km$ folgen die abgeleiteten Parameter:

$$
\begin{array}{ll}
Z_0 = 540\Omega & Z_\beta = 294\Omega \\
\alpha_0 = 1,11\,10^{-7} & \alpha_\beta = 2,72\,10^{-8} \\
T_0 = 2,4ms & T_\beta = 1,7ms
\end{array}
\tag{A.2}
$$

A.2 Matrizen der Zustandsgleichungen

Das mathematische Modell einer Stromrichterstation lautet in Matrizenschreibweise:

$$
\underline{L}\frac{d\underline{i}}{dt} + \underline{R}\,\underline{i} = \underline{K}\,\underline{u},
\tag{A.3}
$$

wobei die vier verschiedenen Zustände durch die entsprechenden Matrizen $\underline{K}$, $\underline{L}$ und $\underline{R}$ beschrieben werden.

Die Zustandsziffern seien dabei durch die folgenden Kommutierungszustände in den Brücken definiert:

	Zustand 0	Zustand 1	Zustand 2	Zustand 3
Brücke 1	keine Komm.	Kommutierung	keine Komm.	Kommutierung
Brücke 2	keine Komm.	keine Komm.	Kommutierung	Kommutierung

Mit den Abkürzungen

$$Z_a = \tfrac{1}{2}(Z_0 + Z_\beta) \text{ sowie } Z_b = \tfrac{1}{2}(Z_0 - Z_\beta)$$

lauten die Matrizen für die vier Zustände der Stromrichterstation wie folgt:

<u>Zustand 0</u>

$$\underline{K}(0) = \begin{pmatrix} 1 & 0 & -1 & 0 \\ 0 & 1 & 0 & -1 \\ 0 & 0 & 1 & 0 \\ 0 & 0 & 0 & 1 \\ 0 & 0 & 0 & 0 \\ 0 & 0 & 0 & 0 \end{pmatrix}$$

$$\underline{R}(0) = \begin{pmatrix} 2R_k + R_D + Z_a & -Z_b & -Z_a & Z_b & 0 & 0 \\ -Z_b & 2R_k + R_D + Z_a & Z_b & -Z_a & 0 & 0 \\ -Z_a & Z_b & Z_a + R_F & -Z_b & 1 & 0 \\ Z_b & -Z_a & -Z_b & Z_a + R_F & 0 & 1 \\ 0 & 0 & -\sqrt{\tfrac{L_F}{C_F}} & 0 & 0 & 0 \\ 0 & 0 & 0 & -\sqrt{\tfrac{L_F}{C_F}} & 0 & 0 \end{pmatrix}$$

$$\underline{L}(0) = \begin{pmatrix} 2L_k + L_D & 0 & 0 & 0 & 0 & 0 \\ 0 & 2L_k + L_D & 0 & 0 & 0 & 0 \\ 0 & 0 & L_F & 0 & 0 & 0 \\ 0 & 0 & 0 & L_F & 0 & 0 \\ 0 & 0 & 0 & 0 & \sqrt{L_F C_F} & 0 \\ 0 & 0 & 0 & 0 & 0 & \sqrt{L_F C_F} \end{pmatrix}$$

$$\underline{u}^T = (u_{m1}, u_{m2}, u_{w1}, u_{w2})$$

$$\underline{i}^T = (i_{d1}, i_{d2}, i_{f1}, i_{f2}, u_{c1}, u_{c2})$$

<u>Zustand 1</u>

$$
\underline{K}(1) = \begin{pmatrix}
1 & 0 & 0 & -1 & 0 \\
0 & 1 & 0 & 0 & -1 \\
0 & 0 & 1 & 0 & 0 \\
0 & 0 & 0 & 1 & 0 \\
0 & 0 & 0 & 0 & 1 \\
0 & 0 & 0 & 0 & 0 \\
0 & 0 & 0 & 0 & 0
\end{pmatrix}
$$

$$
\underline{R}(1) = \begin{pmatrix}
R_k + R_D + Z_a & R_k & -Z_b & -Z_a & Z_b & 0 & 0 \\
-Z_b & 0 & 2R_k + R_D + Z_a & Z_b & -Z_a & 0 & 0 \\
-R_k & 2R_k & 0 & 0 & 0 & 0 & 0 \\
-Z_a & 0 & Z_b & Z_a + R_F & -Z_b & 1 & 0 \\
Z_b & 0 & -Z_a & -Z_b & Z_a + R_F & 0 & 1 \\
0 & 0 & 0 & -\sqrt{\frac{L_F}{C_F}} & 0 & 0 & 0 \\
0 & 0 & 0 & 0 & -\sqrt{\frac{L_F}{C_F}} & 0 & 0
\end{pmatrix}
$$

$$
\underline{L}(1) = \begin{pmatrix}
L_k + L_D & L_k & 0 & 0 & 0 & 0 & 0 \\
0 & 0 & 2L_k + L_D & 0 & 0 & 0 & 0 \\
-L_k & 2L_k & 0 & 0 & 0 & 0 & 0 \\
0 & 0 & 0 & L_F & 0 & 0 & 0 \\
0 & 0 & 0 & 0 & L_F & 0 & 0 \\
0 & 0 & 0 & 0 & 0 & \sqrt{L_F C_F} & 0 \\
0 & 0 & 0 & 0 & 0 & 0 & \sqrt{L_F C_F}
\end{pmatrix}
$$

$$
\underline{u}^T = (u_{m1}, u_{m2}, u_{n1}, u_{w1}, u_{w2})
$$

$$
\underline{i}^T = (i_{d1}, i_{k1}, i_{d2}, i_{f1}, i_{f2}, u_{c1}, u_{c2})
$$

<u>Zustand 2</u>

$$\underline{K}(2) = \begin{pmatrix} 1 & 0 & 0 & -1 & 0 \\ 0 & 1 & 0 & 0 & -1 \\ 0 & 0 & 1 & 0 & 0 \\ 0 & 0 & 0 & 1 & 0 \\ 0 & 0 & 0 & 0 & 1 \\ 0 & 0 & 0 & 0 & 0 \\ 0 & 0 & 0 & 0 & 0 \end{pmatrix}$$

$$\underline{R}(2) = \begin{pmatrix} 2R_k + R_D + Z_a & -Z_b & 0 & -Z_a & Z_b & 0 & 0 \\ -Z_b & R_k + R_D + Z_a & R_k & Z_b & -Z_a & 0 & 0 \\ 0 & -R_k & 2R_k & 0 & 0 & 0 & 0 \\ -Z_a & Z_b & 0 & Z_a + R_F & -Z_b & 1 & 0 \\ Z_b & -Z_a & 0 & -Z_b & Z_a + R_F & 0 & 1 \\ 0 & 0 & 0 & -\sqrt{\frac{L_F}{C_F}} & 0 & 0 & 0 \\ 0 & 0 & 0 & 0 & -\sqrt{\frac{L_F}{C_F}} & 0 & 0 \end{pmatrix}$$

$$\underline{L}(2) = \begin{pmatrix} 2L_k + L_D & 0 & 0 & 0 & 0 & 0 & 0 \\ 0 & L_k + L_D & L_k & 0 & 0 & 0 & 0 \\ 0 & -L_k & 2L_k & 0 & 0 & 0 & 0 \\ 0 & 0 & 0 & L_F & 0 & 0 & 0 \\ 0 & 0 & 0 & 0 & L_F & 0 & 0 \\ 0 & 0 & 0 & 0 & 0 & \sqrt{L_F C_F} & 0 \\ 0 & 0 & 0 & 0 & 0 & 0 & \sqrt{L_F C_F} \end{pmatrix}$$

$$\underline{u}^T = (u_{m1}, u_{m2}, u_{n2}, u_{w1}, u_{w2})$$

$$\underline{i}^T = (i_{d1}, i_{d2}, i_{k2}, i_{f1}, i_{f2}, u_{c1}, u_{c2})$$

$$\underline{\text{Zustand 3}}$$

$$
\underline{K}(3) = \begin{pmatrix}
1 & 0 & 0 & 0 & -1 & 0 \\
0 & 1 & 0 & 0 & 0 & -1 \\
0 & 0 & 1 & 0 & 0 & 0 \\
0 & 0 & 0 & 1 & 0 & 0 \\
0 & 0 & 0 & 0 & 1 & 0 \\
0 & 0 & 0 & 0 & 0 & 1 \\
0 & 0 & 0 & 0 & 0 & 0 \\
0 & 0 & 0 & 0 & 0 & 0
\end{pmatrix}
$$

$$
\underline{R}(3) = \begin{pmatrix}
R_k + R_D + Z_a & R_k & -Z_b & 0 & -Z_a & Z_b & 0 & 0 \\
-Z_b & 0 & R_k + R_D + Z_a & R_k & Z_b & -Z_a & 0 & 0 \\
-R_k & 2R_k & 0 & 0 & 0 & 0 & 0 \\
0 & 0 & -R_k & 2R_k & 0 & 0 & 0 & 0 \\
-Z_a & 0 & Z_b & 0 & Z_a + R_F & -Z_b & 1 & 0 \\
Z_b & 0 & -Z_a & 0 & -Z_b & Z_a + R_F & 0 & 1 \\
0 & 0 & 0 & 0 & -\sqrt{\frac{L_F}{C_F}} & 0 & 0 & 0 \\
0 & 0 & 0 & 0 & 0 & -\sqrt{\frac{L_F}{C_F}} & 0 & 0
\end{pmatrix}
$$

$$
\underline{L}(3) = \begin{pmatrix}
L_k + L_D & L_k & 0 & 0 & 0 & 0 & 0 & 0 \\
0 & 0 & L_k + L_D & L_k & 0 & 0 & 0 & 0 \\
-L_k & 2L_k & 0 & 0 & 0 & 0 & 0 & 0 \\
0 & 0 & -L_k & 2L_k & 0 & 0 & 0 & 0 \\
0 & 0 & 0 & 0 & L_F & 0 & 0 & 0 \\
0 & 0 & 0 & 0 & 0 & L_F & 0 & 0 \\
0 & 0 & 0 & 0 & 0 & 0 & \sqrt{L_F C_F} & 0 \\
0 & 0 & 0 & 0 & 0 & 0 & 0 & \sqrt{L_F C_F}
\end{pmatrix}
$$

$$\underline{u}^T = (u_{m1}, u_{m2}, u_{n1}, u_{n2}, u_{w1}, u_{w2})$$

$$\underline{i}^T = (i_{d1}, i_{k1}, i_{d2}, i_{k2}, i_{f1}, i_{f2}, u_{c1}, u_{c2})$$

Anhang B

Daten der Kurzkupplung

B.1   Kenndaten der Kurzkupplung

Die Kenndaten der Kurzkupplung lauten:

$$
\begin{aligned}
R_k &= 0,25\Omega \quad L_k = 0,015H \\
R_D &= 1,5\Omega \quad\; L_D = 0,33H \\
R_F = 100\Omega \qquad L_F &= 0,0715H \qquad\qquad C_F = 3,94\mu F
\end{aligned}
\tag{B.1}
$$

Der Wellenwiderstand der Leitung wird wie folgt angenommen:

$$
Z_0 = 100\Omega
\tag{B.2}
$$

B.2   Matrizen der Zustandsgleichungen

Das mathematische Modell einer Stromrichterstation lautete in Matrizenschreibweise

$$
\underline{L}\frac{d\underline{i}}{dt} + \underline{R}\,\underline{i} = \underline{K}\,\underline{u},
\tag{B.3}
$$

wobei die vier verschiedenen Zustände durch die entsprechenden Matrizen $\underline{K}$, $\underline{L}$ und $\underline{R}$ beschrieben werden.

Die Zustandsziffern seien dabei durch die folgenden Kommutierungszustände in den Brücken definiert:

	Zustand 0	Zustand 1	Zustand 2	Zustand 3
Brücke 1	keine Komm.	keine Komm.	Kommutierung	Kommutierung
Brücke 2	keine Komm.	Kommutierung	keine Komm.	Kommutierung

Die Matrizen für die vier Zustände der Stromrichterstation lauten wie folgt:

$$\underline{\text{Zustand 0}}$$

$$\underline{K}(0) = \begin{pmatrix} 1 & 1 & 0 \\ 0 & 0 & 1 \\ 0 & 0 & 0 \end{pmatrix}$$

$$\underline{R}(0) = \begin{pmatrix} 4R_k + R_D & R_F & 1 \\ -Z_0 & R_F + Z_0 & 1 \\ 0 & - & 0 \end{pmatrix}$$

$$\underline{L}(0) = \begin{pmatrix} 4L_k + L_D & L_F & 0 \\ 0 & L_F & 0 \\ 0 & 0 & C_F \end{pmatrix}$$

$$\underline{u}^T = (u_{m1}, u_{m2}, u_w)$$

$$\underline{i}^T = (i_d, i_f, u_c)$$

<u>Zustand 1</u>

$$\underline{K}(1) = \begin{pmatrix} 1 & 0 & 0 & 0 \\ 0 & 1 & 1 & 0 \\ 0 & 0 & 0 & 1 \\ 0 & 0 & 0 & 0 \end{pmatrix}$$

$$\underline{R}(1) = \begin{pmatrix} -R_k & 2R_k & 0 & 0 \\ 3R_k + R_D & R_k & R_F & 1 \\ -Z_0 & 0 & R_f + Z_0 & 1 \\ 0 & 0 & -1 & 0 \end{pmatrix}$$

$$\underline{L}(1) = \begin{pmatrix} -L_k & 2L_k & 0 & 0 \\ 3L_k + L_D & L_k & L_F & 0 \\ 0 & 0 & L_F & 0 \\ 0 & 0 & 0 & C_F \end{pmatrix}$$

$$\underline{u}^T = (u_{n2}, u_{m1}, u_{m2}, u_w)$$

$$\underline{i}^T = (i_d, i_{k2}, i_f, u_c)$$

Zustand 2

$$\underline{K}(2) = \begin{pmatrix} 1 & 0 & 0 & 0 \\ 0 & 1 & 1 & 0 \\ 0 & 0 & 0 & 1 \\ 0 & 0 & 0 & 0 \end{pmatrix}$$

$$\underline{R}(2) = \begin{pmatrix} -R_k & 2R_k & 0 & 0 \\ 3R_k + R_D & R_k & R_F & 1 \\ -Z_0 & 0 & R_f + Z_0 & 1 \\ 0 & 0 & -1 & 0 \end{pmatrix}$$

$$\underline{L}(2) = \begin{pmatrix} -L_k & 2L_k & 0 & 0 \\ 3L_k + L_D & L_k & L_F & 0 \\ 0 & 0 & L_F & 0 \\ 0 & 0 & 0 & C_F \end{pmatrix}$$

$$\underline{u}^T = (u_{n1}, u_{m1}, u_{m2}, u_w)$$

$$\underline{i}^T = (i_d, i_{k1}, i_f, u_c)$$

Zustand 3

$$\underline{K}(3) = \begin{pmatrix} 1 & 0 & 0 & 0 & 0 \\ 0 & 1 & 0 & 0 & 0 \\ 0 & 0 & 1 & 1 & 0 \\ 0 & 0 & 0 & 0 & 1 \\ 0 & 0 & 0 & 0 & 0 \end{pmatrix}$$

$$\underline{R}(3) = \begin{pmatrix} -R_k & 2R_k & 0 & 0 & 0 \\ -R_k & 0 & 2R_k & 0 & 0 \\ 2R_k + R_D & R_k & R_k & R_F & 1 \\ -Z_0 & 0 & 0 & R_f + Z_0 & 1 \\ 0 & 0 & 0 & -1 & 0 \end{pmatrix}$$

$$\underline{L}(3) = \begin{pmatrix} -L_k & 2L_k & 0 & 0 & 0 \\ -L_k & 0 & 2L_k & 0 & 0 \\ 2L_k + L_D & L_k & L_k & L_F & 0 \\ 0 & 0 & 0 & L_F & 0 \\ 0 & 0 & 0 & 0 & C_F \end{pmatrix}$$

$$\underline{u}^T = (u_{n1}, u_{n2}, u_{m1}, u_{m2}, u_w)$$

$$\underline{i}^T = (i_d, i_{k1}, i_{k2}, i_f, u_c)$$

Verzeichnis der mathematischen Formelzeichen

Formelzeichen

$\underline{a}$	Vektor (allgemein)
$\underline{A}$	Matrix (allgemein)
$\tilde{A}$	komplexer Zeiger (allgemein)
a, b	Konstanten
c'	Kapazitätsbelag
g'	Leitwertsbelag
h	Schrittweite
i	Strom
k	Zwischenwert
l	Leitungslänge
l'	Induktivitätsbelag
r'	Widerstandsbelag
t	Zeit
u	Spannung
x	Zustandsgröße
C	Kapazität
K	Konstante
L	Induktivität
R	Widerstand
T	Zeitkonstante
W	Transformationsmatrix
Z	Impedanz
α	Dämpfungsmaß
β	Phasenmaß
δ	Differenz
ω	Kreisfrequenz
Δ	Differenz

Indizes

c	Kapazität
d	Gleichgröße
f	Filter
k	Kommutierung
a, b, m, n	allg. Indizes
w	Wellenersatzschaltbild
D	Gleichstrom
F	Filter
β	Beta-System
0	Null-System

Abbildungsverzeichnis

Tabellenverzeichnis

Literaturverzeichnis

[Aliphas et al. 1987]   Aliphas, A. u. Feldman, J.: The versatility of digital signal processing chips. IEEE Spectrum, Nr. 6, 1987.

[Ameling et al. 1977]   Ameling, W.; Hoener, S.; Roehder, W.: Interconnection structures for parallel processor systems. Proceedings Parallel Computers — Parallel Mathematics, München, 1977.

[Arremann 1977]   Arremann, H.: Digitale Simulation von Anlagen der Leistungselektronik. Siemens Forschungs- und Entwicklungsberichte, Bd. 6, Nr. 5+6, 1977.

[Bernstein 1979]   Bernstein, D. S.: The treatments of inputs in real time digital simulation. Simulation, Nr. 8, 1979.

[Breitkopf 1988]   Breitkopf, J.: Untersuchung numerischer Integrationsverfahren für die Simulation einer Hochspannungs-Gleichstrom-Übertragung. Studienarbeit, Inst. f. Regelungstechnik, TU Braunschweig, 1988.

[Collatz 1966]   Collatz, L.: The numerical treatment of differential equations. Springer-Verlag, Berlin, 1966.

[Dietsch et al. 1987]   Dietsch, H. u. Ulrich, R.: OCCAM — Eine Sprache für die Programmierung paralleler Prozesse. Informationstechnik, Bd. 29, Nr. 4, 1987.

[Doht 1990]   Doht, H.-C.: Digitale Echtzeitsimulation einer Synchronmaschine auf einem Vektorrechnersystem. Diplomarbeit, Inst. f. Regelungstechnik, TU Braunschweig, 1990.

[Dommel 1969]   Dommel, H.: Berechnung elektromagnetischer Ausgleichsvorgänge in elektrischen Netzen mit Digitalrechnern. Bull. SEV, Bd. 60, Nr. 12, 1969.

[Eckhardt 1978]   Eckhardt, H.: Numerische Verfahren in der Energietechnik. Teubner Verlag, Stuttgart, 1978.

[Eichele 1990]   Eichele, H.: Multiprozessorsysteme. Teubner Verlag, Stuttgart, 1990.

[Eisenack et al. 1972]   Eisenack, H.; Hofmeister, H.: Digitale Nachbildung von elektrischen Netzwerken mit Dioden und Thyristoren. Archiv für Elektrotechnik, Bd. 55, 1977.

[Engelbrecht-S. 1990]   Engelbrecht-Schnür, R.-H.: Digitale Echtzeitsimulation einer Gleichstromkopplung auf einem Vektorrechnersystem. Diplomarbeit, Inst. f. Regelungstechnik, TU Braunschweig, 1990.

[Evans 1982]   Evans, D. J.: Parallel processing systems. Cambridge University Press, Cambridge, 1982.

[Feilmeier 1974]   Feilmeier, M.: Hybridrechnen. Birkhäuser Verlag, Basel, 1974.

[Feilmeier 1982]   Feilmeier, M.: Parallel non-linear Algorithms. Computer Physics Communications, Nr. 26, 1982.

[Flynn 1972]   Flynn, M. J.: Some Computer Organizations and their Effectiveness. IEEE Trans. on Computers, Bd. C-21, Nr. 9, 1972.

[Franklin 1978]   Franklin, M. A.: Parallel solution of ordinary differential equations. IEEE Trans. on Computers, Bd. C-27, Nr. 5, 1978.

[Gear 1971]   Gear, C. W.: Numerical initial value problems in ordinary differential equations. Prentice-Hall, Englewood Cliffs, N. J., 1971.

[Gear 1977]   Simulation: Conflicts between Real-time and Software. Mathematical Software III, John R. Rice (Hrsg.), Academic Press, 1977.

[Gluth 1986]   Gluth, R.: Integrierte Signalprozessoren. Elektronik, Nr. 18, 1986.

[Gomm 1980]   Gomm, W.: Stabilitätsuntersuchungen von expliziten Multirate-Methoden zur numerischen Lösung von Anfangswertproblemen bei gewöhnlichen Differentialgleichungen. Diss., TU Braunschweig, 1980.

[Gonauser 1989]   Gonauser, M.; Mrva, M. (Hrsg.): Multiprozessor-Systeme: Architektur und Leistungsbewertung. Springer-Verlag, Berlin, 1989.

[Gupta et al. 1985]   Gupta, G. K. et al.: A Review of Recent Developments is Solving ODE's. Computing Surveys, Bd. 17, Nr. 1, 1985.

[Hadeler 1988]   Hadeler, R.: Modulare Echtzeit-Simulation auf einem Mehrprozessorsystem am Beispiel eines Sattelkraftfahrzeuges. Diss. TU Braunschweig, 1988.

[Händler 1977]   Händler, W.: The Impact of Classification Schemes on Computer Architecture. Proc. International Conference on Parallel Processing, 1977.

[Händler 1981]   Händler, W.: Standards, Classification and Taxonomy. Workshop on Taxonomy in Computer Architecture, Nürnberg, 1981.

[Halin 1983]   Halin, H. J.: The Applicability of Taylor-Series Methods in Simulation. Proc. of the 1983 Summer Computer Simulation Conference, Vancouver, 1983.

[Hingorani et al. 1966]   Hingorani, N. G.; Hay, J. L.; Crosbie, R. E.: Dynamic simulation of h.v.d.c. transmission systems on digital computers. Proc. IEE, Bd. 113, Nr. 5, 1966.

[Hölzler et al. 1957]   Hölzler, E.; Holzwarth, H.: Theorie und Technik der Pulsmodulation. Springer Verlag, Berlin, 1957.

[Holtz 1969]   Holtz, J.: Über den Einsatz des Digitalrechners bei der Nachbildung statischer und dynamischer Vorgänge in Verbundnetzen unter besonderer Berücksichtigung der Hochspannungs-Gleichstrom-Übertragung. Diss., TU Braunschweig, 1969.

[Hoßfeld 1980]   Hoßfeld, F.: Parallelverarbeitung—Konzepte und Perspektiven. Angewandte Informatik, Nr. 12, 1980.

[Hoßfeld 1983]   Hoßfeld, F.: Parallele Algorithmen. Informatik Spektrum, Nr. 6, 1983.

[Hwang 1985]   Hwang, K.: Computer Architecture and Parallel Processing. McGraw-Hill, New York, 1985.

[Jentsch 1969]   Jentsch, W.: Digitale Simulation kontinuierlicher Systeme. Oldenbourg Verlag, München, 1969.

[Jötten 1981]   Jötten, R.: Simulationsmethoden für Gleichstrom(HGÜ)-Drehstrom-Verbundnetze. ETZ, Bd. 102, Nr. 25, 1981.

[Kassakian 1979]   Kassakian, J. G.: Simulation Power Electronic Systems—A New Approach. Proc. IEEE, Bd. 67, Nr. 10, 1979.

[Keller 1988]   Keller, H. B.: Echtzeitsimulation zur Prozeßführung komplexer Systeme. Fachberichte Simulation, Bd. 11, Springer-Verlag, Berlin, 1988.

[Kiesewalter 1990]   Kiesewalter, A.: Entwicklung und Aufbau von Schnittstellenkarten für ein Echtzeitsimulationssystem. Diplomarbeit, Inst. f. Regelungstechnik, TU Braunschweig, 1990.

[Kober 1978]   Kober, R.: Parallel System Structures. Siemens Forschungs- und Entwicklungsberichte, Bd. 7, Nr. 6, 1978.

[Korn 1972]   Korn, G. A.: Back to parallel computation: Proposal for a completely new online simulation system using standard minicomputers for low-cost multiprocessing. Simulation, Nr. 8, 1972.

[Kulicke 1981]   Kulicke, B.: Simulationsprogramm NETOMAC: Differenzenleitwertverfahren bei kontinuierlichen und diskontinuierlichen Systemen. Siemens Forschungs- und Entwicklungsberichte, Bd. 10, Nr. 5, 1981.

[Kulicke et al. 1988]   Kulicke, B.; Jötten, R.; Weß, T.: Modelle und Programme zur Simulation transienter Netzvorgänge. ETG-Fachbericht, Nr. 26, 1988.

[Laubenstein 1990]   Laubenstein, F.: Entwicklung einer Bussteuerung für ein Multirechnersystem. Diplomarbeit, Inst. f. Regelungstechnik, TU Braunschweig, 1990.

[A. Leonhard 1942]   Leonhard, A.: Frequenz- und Spannungsverhältnisse in einem durch Wechselrichter gespeisten Drehstromnetz. Elektrotechnik und Maschinenbau, Bd. 60, 1942.

[W. Leonhard 1970]   Leonhard, W.: Digitalrechner-Untersuchung dynamischer Vorgänge bei der Gleichstromkopplung von Drehstromnetzen. ETZ-A, Bd. 91, Nr. 2, 1970.

[W. Leonhard 1980]   Leonhard, W.: Regelung in der elektrischen Energieversorgung. Teubner Verlag, Stuttgart, 1980.

[W. Leonhard 1985]   Leonhard, W.: Einführung in die Regelungstechnik. Vieweg Verlag, Braunschweig 1985.

[W. Leonhard 1989]   Leonhard, W.: Digitale Signalverarbeitung in der Meß- und Regelungstechnik. Teubner Verlag, Stuttgart, 1989.

[Lohse 1988]   Lohse, D.: Untersuchungen zum Einsatz von Transputern für die Simulation kontinuierlicher Systeme. Studienarbeit, Inst. f. Regelungstechnik, TU Braunschweig, 1988.

[Lübcke 1990]	Lübcke, T.: Digitale Echtzeitsimulation von Ausgleichsvorgängen auf einer zweipoligen Gleichstromleitung. Diplomarbeit, Inst. f. Regelungstechnik, TU Braunschweig, 1990.
[Mansour 1979]	Mansour, W. H.: Untersuchungen zur Verwendung eines Parallelrechnersystems für die dynamische Sicherheitsrechnung bei elektrischen Energieversorgungsnetzen. Diss., TU Braunschweig, 1976.
[Meyer 1989]	Meyer, P.: Entwicklung und Aufbau einer Analog-Digital-Schnittstellenbaugruppe für ein Echtzeitsimulationssystem. Studienarbeit, Inst. f. Regelungstechnik, TU Braunschweig, 1989.
[Milde 1988]	Milde, J.: Überlegungen zur Organisation verteilter Mehrrechnersysteme. Hüthig Verlag, Heidelberg, 1988.
[B. Müller 1989]	Müller, B.: Hochspannungs-Gleichstrom-Übertragung heute. ETZ, Bd. 110, Nr. 14, 1989.
[R. Müller 1972]	Müller, R.: Erzeugung des Differentialgleichungssystems für die Simulation einer HGÜ-Station mit mehreren Drehstrombrückenschaltungen. ETZ-A, Bd. 93, Nr. 3, 1972.
[Mutschler 1974]	Mutschler, P.: Die Verwendung von Programmen für Teilsysteme in einem Gesamtsimulationsprogramm. ETZ-A, Bd. 95, Nr. 12, 1974.
[Mutschler 1975]	Mutschler, P.: Berechnung von Ausgleichsvorgängen in Drehstromnetzen und Drehstrom-Gleichstromverbundsystemen. Diss., TH Darmstadt, 1975.
[Oertel 1988]	Oertel, C.-H.: Untersuchungen zur digitalen Echtzeitsimulation eines Hubschrauberrotors. Diplomarbeit, Inst. f. Regelungstechnik, TU Braunschweig, 1988.
[Povh 1971]	Povh, D.: Berechnung von Ausgleichsvorgängen in elektrischen Netzwerken insbesondere zur Ermittlung der Spannungsbeanspruchungen der Ventile einer Hochspannungs-Gleichstrom-Übertragungs-Anlage bei Erdkurzschluß. Diss., TH Darmstadt, 1971.
[Raphson et al. 1967]	Raphson, A.; Wilf, H. S.: Mathematische Methoden für Digitalrechner. Oldenbourg Verlag, München, 1967.
[Rathjen I 1989]	Rathjen, O.: Digital Real-Time Simulation of a Power Converter System. Proc. European Simulation Congress, Edinburgh, 1989.

[Rathjen II 1989] Rathjen, O.: Digital Real-Time Simulation of a HVDC System. Proc. European Conference on Power Electronics, Aachen, 1989.

[Rathjen et. al. 1990] Rathjen, O.; Haverland, M; Lindemann, U.: Schnelle Gleitkomma-Rechnerkarte für ein Parallelrechnersystem. Elektronik, Nr. 4, 1990.

[Rathjen 1990] Rathjen, O.: Real-Time Digital and Hardware-in-the-Loop Simulation of a HVDC Link. Proc. IIIrd International Conference on Modelling and Simulation of Electrical Machines and Static Converters, Nancy, 1990.

[Rechenberg 1972] Rechenberg, P.: Die Simulation kontinuierlicher Systeme mit Digitalrechnern. Schriften zur Informatik, Band 5, Vieweg Verlag, Braunschweig, 1972.

[Reichow 1989] Reichow, R.: Digitale Echtzeitsimulation einer Hochspannungs-Gleichstrom-Übertragung auf einem Vektorrechnersystem. Diplomarbeit, Inst. f. Regelungstechnik, TU Braunschweig, 1989.

[Reichow 1990] Reichow, R.: Untersuchung verschiedener fehlerhafter Betriebszustände einer Hochspannungs-Gleichstrom-Übertragung. Studienarbeit, Inst. f. Regelungstechnik, TU Braunschweig, 1990.

[Roehder 1980] Roehder, W.: Entwurf eines flexiblen Multiprozessorsystems zur digitalen Simulation kontinuierlicher Systeme. Diss. RWTH Aachen, 1980.

[Rössig 1989] Rössig, J.: Entwicklung von Verbindungsprogrammen für ein graphisches Ausgabesystem. Entwurfsarbeit, Inst. f. Regelungstechnik, TU Braunschweig, 1989.

[Sack 1989] Sack, A.: Entwicklung von Bibliotheks-Unterprogrammen für ein Vektorrechnersystem. Diplomarbeit, Inst. f. Regelungstechnik, TU Braunschweig, 1989.

[Sadek 1972] Sadek, K.: Digitale Simulation einer Hochspannungs-Gleichstrom-Übertragung. Diss. TU Braunschweig, 1972.

[Schendel 1981] Schendel, U.: Einführung in die parallele Numerik. Oldenbourg Verlag, München, 1981.

[G. Schmidt 1980] Schmidt, G.: Simulationstechnik. Oldenbourg Verlag, München, 1980.

[H. H. Schmidt 1973]   Schmidt, H. H.: Digitale Nachbildung umfangreicher dynamischer Systeme am Beispiel eines Netzmodelles mit Drehstrom- und Gleichstrom-Übertragung. Diss. TU Braunschweig, 1973.

[K. Schmidt 1982]   Schmidt, K.: Einsatz eines Parallelrechners für die Untersuchung dynamischer Vorgänge in Energieversorgungsnetzen. Diss. TU Braunschweig, 1982.

[Schnieder 1978]   Schnieder, E.: Digitale Nachbildung stromrichtergespeister Maschinen unter besonderer Berücksichtigung der wechselrichtergespeisten reihenschlußerregten Reluktanzmaschine. Diss. TU Braunschweig, 1978.

[Schnieder 1979]   Schnieder, E.: Digitale Simulation stromrichtergespeister Maschinen. Archiv für Elektrotechnik, Bd. 61, 1979.

[Schomakers 1989]   Schomakers, P.: Untersuchung von Mehrschritt-Integrationsverfahren für die digitale Simulation von Hochspannungs-Gleichstrom-Übertragungen. Entwurfsarbeit, Inst. f. Regelungstechnik, TU Braunschweig, 1989.

[Schultalbers 1989]   Schultalbers, W.: Entwicklung eines Fehlerlokalisierungsprogramms für ein Vektorrechnersystem. Diplomarbeit, Inst. f. Regelungstechnik, TU Braunschweig, 1989.

[Schultalbers 1990]   Schultalbers, W.: Entwurf und Aufbau von Schnittstellenbaugruppen für ein Echtzeitsimulationssystem. Entwurfsarbeit, Inst. f. Regelungstechnik, TU Braunschweig, 1990.

[Sprysch 1989]   Sprysch, A.: Untersuchungen zur digitalen Echtzeitsimulation einer Synchronmaschine. Studienarbeit, Inst. f. Regelungstechnik, TU Braunschweig, 1989.

[Theuerkauf 1975]   Theuerkauf, H.: Zur digitalen Nachbildung von Antriebsschaltungen mit umrichtergespeisten Asynchronmaschinen. Diss. TU Braunschweig, 1975.

[Unger 1980]   Unger, H.-G.: Elektromagnetische Wellen auf Leitungen. Hüthig Verlag, Heidelberg, 1980.

[Ungerer 1989]   Ungerer, T.: Innovative Rechnerarchitekturen — Bestandsaufnahme, Trends, Möglichkeiten. McGraw-Hill Book Company, Hamburg, 1989.

[Urbanke 1979]   Urbanke, C.: Analoges Echtzeit-Maschinen- und Netzmodell für Drehstromnetze und Drehstrom-Gleichstrom-Verbundnetze. Diss. TH Darmstadt, 1979.

[Waldmann et al. 1972]   Waldmann, H., Weibelzahl, M. und Wolf, J.: Ein elektronisches Modell der Synchronmaschine. Siemens Forschungs- und Entwicklungsberichte, Bd. 1, 1972.

[Wyes 1988]   Wyes, H.-W.: Die Omega/CReStA-Maschine: Eine RISC-Architektur für die Echtzeit-Datenverarbeitung. Hüthig Verlag, Heidelberg, 1988.

Simulationstechnik

6. Symposium in Wien, September 1990
Tagungsband

Herausgegeben von F. Breitenecker, I. Troch und P. Kopacek

1990. X, 602 S. (Fortschritte der Simulationstechnik, hrsg. von Walter Ameling, Bd. 1.) Kartoniert.
ISBN 3 528-06401-3

Das von ASIM veranstaltete Symposium hat sich zum Ziel gesetzt, den Austausch von Ideen und Erfahrungen von Fachleuten und Interessenten zu fördern, die auf dem Gebiet der Modellbildung und Simulation in Theorie und Praxis tätig sind.
Im 6. Symposium wurden zu drei Hauptgruppen detaillierte Referate vorgetragen, die im Band 1 zusammengetragen sind:

– Modellbildung und Simulation
– Simulationswerkzeuge
– Anwendungen

Aus diesen Beispielen läßt sich die Weiterentwicklung der Simulationstechnik erkennen in all ihren Teilgebieten, von den Grundlagen über die Konzeption und Realisierung geeigneter Hard- und Software, über die Entwicklung und Einbindung geeigneter numerischer Verfahren bis hin zur Rechnerunterstützung bei Modellentwicklung, Experimentdurchführung und -dokumentation sowie bei der Ergebnisaufbereitung.

Das Buch wendet sich an Fachleute auf dem Gebiet der Simulationstechnik.

Vieweg Verlag · Postfach 58 29 · D-6200 Wiesbaden 1